野人

一個人的優雅煮食

咩莉・煮食 著

咩莉想跟大家說的

無論你我是藉由《一個人的優雅煮食》有了第一次的邂逅，或者你已是經常到 Instagram 或 Facebook 拜訪「咩莉‧煮食」的老朋友，都非常感謝你願意打開這本書。

回想二○一九年初和野人文化正式簽約決定出書時，光是大綱的方向就與出版社反覆折騰了快兩個月才定案，真是辛苦在中間負責溝通協調的麗娜編輯了。也好險當初大家都互有堅持，才能讓整本書的架構充實又完整。

《一個人的優雅煮食》是為了所有想要親自下廚、好好照顧自己、並且同時藉由佈置令人療癒的餐桌風景來滿足心靈的人們所設計。書中主要以四季更迭做排序、告訴你當季最美味的食材該怎麼挑選、保存；再以這些食材去烹調出色、香、味俱全的高顏值料理。每一季都還規劃了完整的雙週料理計劃，從早餐到晚餐定食、再到隔日中午的便當，讓你輕鬆準備沒煩惱。

我知道有時下班、下課後好累，什麼都不想思考，就只想趕快填飽肚子；食材常常買了不會處理又放到壞掉；坊間的食譜大多是設計成 3～4 人份的，煮太多一樣的菜色又要連續吃好幾天，但靈感庫資訊短缺，又不知道該如何做變化。這些問題其實都只要參考書中的建議，做些小小的改變，就能在轉眼間變得大大不同。

當你翻開這本書，除了能學會 160 道簡單、有趣又有特色的美味佳餚，還能從中得到許多關於打造令人稱羨的餐桌風景小技巧；不論是擺盤設計、食材處理，或是食器挑選都毫不藏私地一併告訴你。

準備在廚房裡初試啼聲的做菜新手,你可以從書中了解如何快速準備料理的步驟、有哪些必備的廚房工具、調味品;在挑選、保存最適合當季食用的新鮮蔬菜時又有那些小撇步;當然,節省時間的常備菜、快速方便的副菜、湯品也是一應俱全。而幹練的廚房老手們可以藉由書中提到的擺盤技巧、器皿挑選指南讓你的好手藝看起來更加誘人。

在寫這本書時,我秉持的信念就是希望能毫不保留地將自己掏空,竭盡所能地把《一個人的優雅煮食》準備到盡善盡美。不論你喜歡我分享的飲食理念、又或者是對於特別的食譜躍躍欲試,也有可能是得到了一些擺盤的靈感。無論如何,我都希望藉由這本灌注了我整整一年心血的寶貴結晶,能帶給你不一樣的感受與想法,即使只是一點點都好:)

咩莉
IG:@omememelly
FB:咩莉煮食

Contents

10分鐘速成美味副菜
40道任意搭配晚餐定食的副菜

Autumn 秋季餐桌

Winter 冬季餐桌

一個人煮
你可以試著
這樣做

一個人的專屬健康餐桌
●克服一個人煮食的困境
●減點醣會更好
●重質不重量：慎選入口的食材
●食材鮮度的保存

克服一個人煮食的困境

先決定主食材，副菜立馬浮現

你是不是常常在心裡想：「好煩喔，今天又不知道要煮什麼了……」

這時候的你可以稍微花一分鐘思考一下；如果今天是到餐廳用餐，通常你會如何為自己點一份均衡又營養的餐點呢？照理來說，若是已經先點了一份肉類的主食，應該就會想吃點蔬菜來搭配；如果點了油炸或是稍微重口味的食物，是不是就會想來份清爽沒負擔的沙拉平衡平衡？！

在家做菜也是同樣的道理；在構思菜單時，只要先決定好今天的主菜，不足的部分就由副菜來補充。調味和烹飪方式也是一樣，可以將主菜與副菜分別用不同的調味去搭配、互補，並且使用不同的烹調方式；例如，今天的主菜若是用了醬油在電鍋裡燉肉；副菜就可以用薄鹽及胡椒簡單調味後再於爐火上炒製；如果主菜換成是燒烤或是煎炸類的食物；副菜則可以選擇不用開火的涼拌菜；或是什麼都不用想，直接煮一鍋什麼都有的單人鍋料理也很方便；只要用這樣的邏輯去設計菜單，就會變得簡單許多。

快速思考料理的步驟

思考料理步驟後再開始烹飪。

要優先製作的一定是需要花費較長時間燉煮、煨煲；即使是涼了也沒關係的菜餚。這種料理也許適合冷吃、或是再次加熱也不怕影響風味及口感。而放涼便會走味且不適合再次加熱的菜色，以及一定要享受剛做好那熱騰騰美味瞬間的特定料理，這時候就要擺在最後處理。

另外，食材及調味料最好能事先就備妥。如果是好幾道菜餚都會用到的食材，最好一次處理起來，否則每道料理在製作前都要再多費一次清潔、洗滌和準備料理工具等作業的時間與精力；如此一來便容易拖延到預定的飯點。

而在時間較不充裕的狀況下，處理食材過程中，若單純只是一些能讓菜餚更美味，但不太影響實際味道的加分步驟（例如，洋蔥泡水後較能去除辛辣感之類、沒做也沒關係的步驟）則可以暫時省略；或是著手處理其中一道料理時，另一道料理則可以放在微波爐、烤箱、電鍋和氣炸鍋等不需要占據人力的機器內。單純把精力放在需要勞心費神之處，也是能迅速製作美味料理的技巧之一。

減點醣會更好

醣=碳水化合物=所有產糖食物的通稱；存在於一般人認知中吃起來會甜甜的食物、各式澱粉，和不那麼明顯會感覺到甜味的奶類及蔬菜等食材中。由於人在利用日常攝取的養分提供身體所需能量時，會先代謝與利用的就是醣分，再來才是蛋白質及脂肪。如果身體過度攝取醣分，則永遠輪不到脂肪及蛋白質被利用，進而造成肥胖。

從減少精製糖做起（糖的選擇）

坊間有非常多的書籍、報章雜誌或是網路社群媒體都會介紹減醣飲食或是生酮飲食的相關資訊；我個人沒有特別推崇某種飲食，但可以做到的是盡可能做對自己身體最好的選擇。近年大家多少都有耳聞糖分攝取過多的壞處；除了容易蛀牙外，還會誘發胰島素抗阻，增加肥胖、代謝症候群的機會；並使血壓、血糖、血脂升高，增加心血管疾病風險，加速身體老化；並被懷疑有機會增加致癌風險。

若是能由「吃自己所烹調的料理」這個方法，掌控每天攝取的食材；便能避免讓自己吃進過多不必要的醣分以維持健康。因此我做菜時，會盡可能在不那麼影響食物味道下，減少精緻糖的使用；就算真的要讓食物增加一些甜味，我也會利用天然的水果、蜂蜜來入菜，並且選用升糖指數較低、較不容易讓血糖震盪的椰糖、棕櫚糖或是由天然食材中萃取出來的代糖——羅漢果糖來做調味。

＊書中食譜若沒別註明，裡面所使用的糖，幾乎都是椰糖、棕櫚糖或是羅漢果糖。由於近期也有一些研究報導指出使用天然代糖（包含甜菊糖、赤藻糖醇等）亦會增加肥胖的機率。因此可以的話，我大多選擇能不使用糖、就盡量不用的方式來進行烹調。畢竟市售的調味料幾乎也都含有糖（包含醬油及味醂等）的成分，因此建議糖還是酌量使用為佳。

原型食物優先攝取（主食的選擇）

所謂原型食物，白話一點，就是未經加工、可以直接看出原貌的食物；例如各種原塊、只經過切割的肉類、完整的全穀根莖、蔬果等等（蘿蔔就是蘿蔔、豬肉就是豬肉）。由於市面上所販售的加工食品在繁瑣的處理過程中，通常會造成食材原有的營養大量流失，最後可能只剩下提供熱量及碳水化合物的功能；重要的營養素通常相對少；與原始且能提供完整營養的原型食物完全無法相比。

而且，在相同熱量下，原型食物因為水分含量高，體積通常比較大，較能產生飽足感且能持久抗餓；同時，原型食物通常含有較多蛋白質、纖維，能提供人體組織修復、肌肉增長的營養，還可以維持排便順暢；反觀加工食品，熱量高、體積小；雖然可以滿足口欲，但飽足感卻不持久。

攝取大量蔬菜替代澱粉（增加飽足感）

試著在吃澱粉之前先吃蔬菜，或是選用蔬菜替代部分主食。同樣重量的蔬菜和澱粉，熱量可以差到5～10倍之多；每餐都多攝取一些纖維質較多的蔬菜、來提升飽足感；如此便能將過去所依賴的澱粉給減量。

你可以試著將白花椰菜作為米飯的替代品；切成小朵，再用食物調理機打碎，就能做出花椰菜米；入鍋加點橄欖油與其他食材拌炒一下，就成了「炒飯」。相較於白飯每100g就有168大卡，白花椰菜每100g卻只有25大卡，同時還含有豐富的纖維質與維生素。除了可以做成米飯的形式，也可以蒸熟、打成泥狀來取代馬鈴薯泥，外觀極為相似，但碳水含量卻比馬鈴薯少了十二倍！另外，還可將花椰菜打碎、水分擠乾後再與雞蛋、起司、鹽及香料混合烘烤成披薩餅等點心。

除了米飯有替代品，麵類也能使用櫛瓜或小黃瓜；刨成長長的細絲，看起來就像麵條一般。再將它用平常料理義大利麵的方式去做調味；雖然口感不盡相同，但就算吃了比平常多一倍的「麵條」，熱量還是少非常多。

下次肚子餓時，不妨試著在吃澱粉前先吃些不同顏色的蔬菜墊墊胃吧！

不要害怕食用好油（提升滿足感）

吃了五花肉就有罪惡感、雞腿上那層美味的皮一定要去掉才行，不管是鮮奶、優格、都要選「低脂」的才行；用豬油炒菜、奶油烤馬鈴薯，簡直會遭天譴。你是不是也這樣想過！？

其實攝取好的油脂對人體來說，不僅可以預防心血管疾病、還能保持皮膚的滋潤；對於減重來說，吃好油也更容易擁有滿足感，不容易覺得空虛沒吃飽、還能有效提高基礎代謝，進而燃燒脂肪。

由於油脂在人體內會以脂肪酸的形式在血液中流動；並會以能量的形式提供給粒線體。在減醣狀態的血液中，如果有脂肪酸流動的話，大腦就會感到滿足，便能抑制「我想馬上吃碳水！」這個強烈的欲望了。

而好油的來源不單只是從料理時所使用的油脂裡提供；它可以來自於各種天然的食物，例如萬用常備食材雞蛋裡的蛋黃、如奶油般滑順的美味酪梨，以及越嚼越香的無調味堅果；另外還有鮭魚，鯖魚等富含Omega-3、EPA及DHA的魚類。奇亞籽、亞麻籽等這些近年來很熱門的超級食物也是好油脂的來源之一。

下次別再害怕吃好油了！

絕不過度壓抑口欲（撫慰自己的身心）

很多想減肥的人都會在一開始立下遠大目標，例如，我三個月一定要瘦十公斤之類的雄心壯志，懷抱這次不成功便成仁的想法。通常會將飲食控制得非常乾淨，什麼零食、炸物等通稱邪惡的食物都一概不吃；熱量、營養素計算得極為精密。但，能堅持到最後的人又有幾個？

剛開始認真減肥可能會有段甜蜜期，讓你能很快看到成果。可是，飲食控制了一段時間後，停滯期就會出現；若是你一直吃得很壓抑、但又沒達到你希望的效果，那信心瓦解、接近崩潰的機率就會大大提高；不但減肥計畫可能會直接宣告失敗，最壞還有可能導致更嚴重的暴食。

長期過度乾淨的飲食控制，其實會讓身體處在一個飢荒狀態。身體會啟動保護機制，讓新陳代謝下降，熱量燃燒也會減緩。同樣的飲食本來能讓你一週瘦一公斤，現在可能都要一個月了，卻還是維持在同樣的狀態。此時，你需要的是稍稍放縱一下，搭配個cheat meal，告訴身體：「其實我有在大吃啦！不用這麼努力幫我儲存能量。」這樣對你的目標達成反而是有所助益的。

完全不碰缺乏營養的加工食品對多數人是不合理的。只要記住不是「不能吃」，而是「量」的問題，適度的享受，才能讓你在減肥、或是維持體態這條路上走得更長遠。

重質不重量：慎選入口的食材

美味第一要素取決於食材的新鮮優劣（不時不食）

台灣的農業技術發展成熟，加上市面上又有大量的進口蔬果，似乎越來越難分出蔬果真正的產季。諺語說：「正月蔥，二月韭，三月莧，四月蘿，五月匏，六月瓜，七月筍，八月芋，九月芥藍，十芹菜，十一蒜，十二白。」植物生長其實有它的一套邏輯，例如夏天瓜果多，冬季則是根莖類的天下。植物其實比人更加了解季節的更替，也會選擇最適合的時節開花結果。順應自然產季的蔬果，有了天時與地利的幫助，加上適時適地的種植，蔬果往往可以生長良好，比較不會有病蟲害的問題，自然農藥的用量就會減少；加上產量也多，價格自然便宜。通常進口的蔬菜，為保持賣相，需經過加工、包裝，之後還需透過冷藏保鮮的運輸配銷方式販售產品，在這過程中即產生大量的二氧化碳。因此，透過「吃在地，食當季」的理念不但能響應環保，我們也可以吃得更加安心、品嚐到蔬果最原始的美味。

而在挑選蛋、魚、肉類時，請挑選季節性和永續性的魚種才是不二之道；而家禽及家畜也要選擇被善待、在無壓力下生長及人道宰殺的動物。唯有健康成長的動物，才能成為健康的食物。

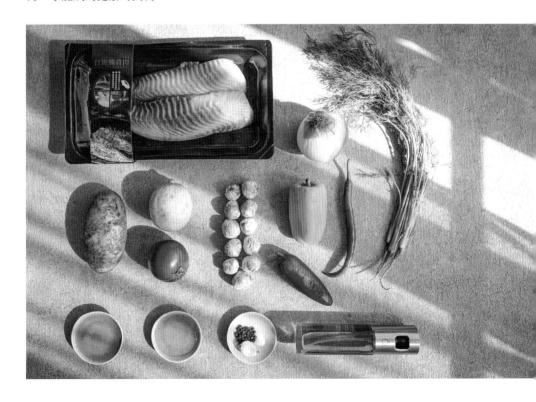

新鮮蔬菜的挑選

外觀（傷痕、切口、彈性、飽滿、水嫩）

新鮮蔬菜只需經過簡單的料理步驟、不需要太多的調味，就能吃到它最原始的美味。那該如何挑選新鮮蔬菜呢？我們要選擇外觀沒有傷痕、菜梗切口看起來仍舊帶有水分、摸起來有彈性、且外表富有光澤又水嫩飽滿的蔬菜。

外型（絨毛、花萼、發芽、開花、蒂頭）

在挑選蔬菜時也要多加留意蒂頭，花萼及蔬菜表面的絨毛。例如荷蘭豆、番茄及茄子的蒂頭或花萼要直挺；秋葵和毛豆表面要有許多絨毛包覆；而小黃瓜的表面則要有刺刺的小疣狀突起，這樣才新鮮。而瓜果類要選擇外皮色澤飽和、根莖類則沒有長芽（尤其是馬鈴薯），或是日照過久皮變成綠色的；青花筍如果花苞開花，或綠花椰菜的花蕾變成黃色，則表示過熟、過老。總之，依蔬菜種類不同，觀察的重點也會不同。

選擇被善待的「健康」動物蛋白質，
及「優質」植物性蛋白也很棒

海鮮

所有的海鮮都是肉質越結實、外皮越乾淨有光澤越新鮮。

像是魚的眼睛應該濕潤且水亮、不發黑或乾燥凹陷；魚鰓應呈鮮嫩的粉紅色，而不是已經變暗無血色；而魚鱗、魚皮則要發亮緊緻，不脫落。

蝦子要看蝦鬚是否完整、無斷裂；蝦頭跟蝦身連接處不能軟爛要緊密；蝦身有彈性及光澤且不能帶有黏液。

而其他的海鮮像是透抽、花枝要選擇肉還有彈性、眼睛不混濁；蚌殼類則要避免外殼破裂或開啟。海鮮買回家一定要冷藏或冷凍保存，且蚌類則要吐過沙才能使用，且最好都要用鹽水洗過後再下鍋烹煮。

雞、豬、牛、蛋

請盡可能挑選被友善對待的「健康」動物蛋白質，例如以牧草飼養、自由放牧的大型牛、羊；採人道餵養、有活動空間的豬、雞及雞蛋（動福蛋）。

在挑選牛肉和豬肉時要選擇透著鮮豔紅色，脂肪部位則是雪白的才新鮮；而雞肉要挑有點嫩粉紅，雞皮上還有光澤且沒有黃斑才是最好的。購買肉類時若是沒有特殊需求，請選擇油脂不會太多的部位。買回家後先將之分為合適的份量再裝袋冰於冷凍庫之中，每次取出適當的份量解凍使用，盡量不要讓肉解凍後再重新結凍。如果能用廚房紙巾將血水按壓出來，吃起來就會更清爽無腥味。

＊如果可以的話，從豆類、堅果類、全穀根莖蔬菜類裡攝取優質的植物性蛋白也很棒！

我的常備調味料

油

我最常使用的油品就是橄欖油及酪梨油；偶爾也會使用椰子油及麻油來增加料理的香氣。通常我會挑選等級最高的特級初榨冷壓橄欖油（extra virgin olive oil）和頂級冷壓初榨酪梨油（extra virgin Avocado oil）來料理。由於酪梨油的發煙點相當高，通常烹調時我都會以酪梨油為第一順位。

鹽

平常家中使用最多的烹調鹽還是以便宜的國產含碘低鈉鹽為主。由於台灣人多有碘攝取不足的問題，除非你本身有甲狀腺相關疾病，不適合吃碘，否則日常烹調還是建議使用加碘鹽。而海鹽或是岩鹽，我大多是會將他們直接撒在簡單處理過的冷熱沙拉、或是汆燙、炙烤過的食材上。喜馬拉雅山上所產的岩鹽因為高含量的鐵質，因此呈現宛如玫瑰花的粉紅、橘紅或是深紅色，又稱為「玫瑰鹽」；不只顏色討喜，且帶有淡淡的清甜。

此外，使用發酵過的鹽麴來取代鹽，能讓料理的風味鹹中帶甜、更富有層次；用它來醃製肉類，能讓肉質變得更加柔軟。

醬

一般醬油是以大豆、小麥、米等穀類做為原料製成。市售的醬油大多有加糖，但仔細挑選還是能買到無額外加糖的品項。另外也有黑豆做的黑豆醬油，若是它未稀釋的原汁則稱為「蔭油」。而來自於廣東的生抽及老抽；生抽的顏色淡、鹹味重，在料裡中主要用來調味，若是在台灣買不到的話可以直接使用醬油即可。而老抽則是將榨制後的醬油再曬 2 ～ 3 個月，經沉澱過濾後所製成的；顏色深，鹹味淡，主要用來使食材顏色更加令人垂涎。通常要到進口超市或是大型傳統市場才有機會找到（有人會買「醬色」來替代）。還有像是以牡蠣為主要原料製成的蠔油，味道極鮮，與醬油膏和素蠔油的風味完全不同。

另外，帶有柚子或是梅子風味的醬油、用香柚及辣椒做成的柚子胡椒醬也是我的常備調味料，只要一點點就能引出食物的旨味。

醋

帶酸味的料理可以激起食欲，而用醋調味就是最簡單的方法之一。在挑選基礎的料理醋時記得要選擇以天然食材為原料，經酒精發酵和醋酸發酵而成的釀造醋；避免挑選便宜但較不健康的合成醋及混合醋。

除了中式菜餚裡常用到的白醋、烏醋；我也經常使用巴薩米克醋（BALSAMIC VINEGAR）；一般市售較便宜的調味用巴薩米克醋，拿來做成沙拉佐料與醃醬已是很好的選擇。以及有著淡雅香氣不衝鼻、清爽又開胃的日式酸橘/香柚醋（ポン酢），不管是作為沾醬、沙拉醬、拌麵或是醃料都非常合適！

偷偷告訴你，下次如果不小心把菜餚調得太甜或太鹹，只要加一些醋就能中和味道、減緩甜味或鹹味，讓你的料理有機會起死回生。

糖

雖說「糖」吃多了不是件好事；但某些料理若是沒有「甜」這一味，就好像失去了平衡，不見了靈魂；這時酌量使用較不會造成身體負擔的糖種，一來還是能品嚐到美味，二來對健康的影響也較小。

目前我最常使用的是低 GI 的椰糖跟棕櫚糖（或是椰棕糖），兩者皆是由花蜜手工提煉而成，富含礦物質、且味道甜而不膩，升糖指數（GI 值）只有 35 左右，比一般的糖低了至少一半；特殊溫潤的氣味也能讓料理增添風味。

而蜂蜜雖然升糖指數較高，但它擁有很多的維生素及礦物質；不同花種的蜜又有不同的香氣和味道，偶爾我也會將之入菜。

羅漢果糖是目前我唯一還有在使用的天然代糖，但使用頻率較低；由於近期有一些研究報導指出使用天然代糖亦會增加肥胖的機率。如果對人工代糖存有疑慮，建議還是藉由攝取天然食物來靈活取代代糖為佳。

＊研究裡的論點是因為當人吃下甜食後身體會準備新陳代謝，但代糖本身熱量很低，當身體發現甜食下肚後熱量變少，反而會驅使身體去尋找其他食物，從而可能令人攝入更多熱量，讓體重增加。

酒

以酒入菜，不僅可以賦予食物新的滋味，蘊含其中的香氣也讓人著迷。

中式料理較常會用到的紹興酒和花雕酒都是黃酒，花雕是黃酒中品質較高的酒。由於兩者皆耐高溫、可以承受長時間的燒煮，相當適合用於肉品的紅燒和燉滷，例如東坡肉、醉雞和花雕雞。

而台式的進補料理，幾乎都會使用米酒，譬如燒酒雞、麻油雞、薑母鴨等料理；要注意不要買到有添加鹽的料理米酒。日本的清酒也是米酒，除了跟台式米酒一樣有助於除去食材腥臭味，還能將本身的米香帶入菜餚中增添層次。

中西料理通吃的啤酒由於富含汽泡與麥香，能夠用來醃泡肉品、軟化肉質、幫助入味，最常聽到的啤酒雞翅就是了。而家裡喝不完的紅白酒不用浪費；紅酒可用於紅肉（牛肉、羊肉）的料理；白酒則更適合白肉（雞肉、海鮮）。以水果釀造而成的白蘭地因為帶有果香，很適合用於甜點中。

味醂

除了能去腥、提味之外，還能增添料理的光澤度，是日式料理中不可或缺的調味料。味醂有「本味醂（本みりん）」和「味醂風（みりん風調味料）」兩種。本味醂單純由米、麴、酒精經過糖化熟成，酒精濃度達14%，且因為有酒精所以不需冷藏。而味醂風調味料價格較便宜，是由糖類、米、發酵調味料、酸味料等，經短時間混合調和，一樣能幫食物帶來甜味和光澤，但酒精含量僅1%，因此無法去腥，開封後需冷藏保存。

其他

除了以上提到的調味料，我還列出一些我個人覺得很實用的備品。

無添加的高湯包、有機雞高湯：不論是當作湯品的基底，蒸、煮、炒蔬菜或是利用在蒸、煎蛋等料理，都非常美味。

味噌：以大豆、小麥或是米，加鹽發酵而成的日本國民調味料，煮湯、入菜都很方便。分為赤、黃及白味噌。赤味噌的發酵時間最長，顏色最深，味道最鹹也最濃。白味噌發酵時間最短、顏色最淺，味道最清淡。黃味噌的顏色及味道則介於兩者之間。

新鮮香草多多益善（善用香草植物是廚師讓料理更加美味的祕密）

蔥

蔥，不僅有著刺激口欲的香氣，還能帶出食物自然的鮮甜滋味。炒菜時可以爆香、汆燙時加點蔥去腥、做好的料理上撒點蔥花；營養及色澤都更好。

由於含水量高也容易發黃，所以最好還是以乾淨的紙巾或報紙包好後放入冰箱冷藏。

台灣常見的青蔥主要分為「北蔥」和「四季蔥」兩種品種。北蔥較硬，嚐起來較脆且辛辣；四季蔥較柔軟，吃起來纖維也較嫩。遠近馳名的三星蔥，就是四季蔥的代表。

＊長相相似的青蔥和青蒜，常常讓人傻傻分不清楚。最簡單的辨別方法就是看它們的葉子；蔥的葉子是圓桶狀，切面呈現圓形；而青蒜的葉片則是扁平狀。

薑

薑雖然吃起來有辛辣感，但屬於溫和的食物，所以並不會過於刺激腸胃，還有抗發炎和暖身的效果。市場上的薑通常依採收時間不同分為嫩薑、生薑與老薑；不論買哪種薑，都應挑選體型飽滿、表皮沒有損傷或腐爛。

嫩薑，在初夏到秋季間販賣，適合醃漬和涼拌，保存時需密封後再冷藏。而中薑（生薑、粉薑）和老薑（薑母），通常是立秋左右收成；熬湯、燉肉時建議將薑切成塊或片，並且用刀面將其拍鬆，這樣一來薑味就會更加濃郁；保存時放在通風陰涼處即可。

＊要去除薑皮最好的方法就是用湯匙刮除。

蒜

在台式料理中總是擔任最佳綠葉的大蒜，營養價值其實高於很多食材。

冬末春初是大蒜的產季。雖然大蒜的保存期很長，但還是建議整顆採購，才能久放。天氣好的時候可以攤開通風，曬曬太陽，更能防止蒜頭受潮腐壞或發芽。

辣椒

應該有聽過一句俗語：「四川人不怕辣，貴州人辣不怕，湖南人怕不辣」。在台灣雖説一年四季都能吃到辣椒，但辣椒的主要產季其實在春季。辣椒含有很高的維生素 C，幾乎可以説是所有蔬菜之冠。

大部分的人都以為辣椒最辣的部分是籽，其實辣椒素主要存在於白色辣囊，刮掉就能減輕辣度。若是吃了辣椒想解辣，喝水是沒用的；油性辣椒素所造成的疼痛感，最好是盡快飲用乳製品或咀嚼米飯；藉由酪蛋白或是澱粉，才能有效減緩疼痛。

香菜

香菜又叫做芫荽。

買回家的香菜可以用乾淨的紙巾將整把包裹住，外頭稍微噴濕後，裝進塑膠袋裡綁緊，再放入冰箱冷藏，大約可以保存 3 ～ 5 天。也可以將買回家的香菜先挑掉枯黃的葉片，再裝進保鮮盒；倒入可以蓋過香菜的乾淨過濾水或飲用水，蓋上蓋子後放進冰箱冷藏，每 3 ～ 4 天更換一次盒內的清水，約能夠保存 2 ～ 3 週。

九層塔

而九層塔的名字則是來自於它寶塔狀的花朵。屬於辛辣味比較濃烈的羅勒品種，又稱為蘭香羅勒；九層塔遇熱容易變黑，且氣味容易散失，所以烹調時不宜早下鍋，起鍋前再加入才是最好的料理方式。在挑選時應注意九層塔是否連枝帶葉；整株要飽水、外觀看起來乾燥沒有水氣，且枝梗細嫩堅挺，葉片鮮綠不枯萎者為佳。

迷迭香

迷迭香有著不刺激的香氣。在用做食物提味香料時,與肉品最為合口,尤其做為大塊肉類燒烤前的醃料,味道極香!

除了適合搭配肉類,汆燙食物時加一點迷迭香,能均勻讓一起入鍋的食材帶上它的香氣。當然,用來製作麵包,甜點等烘焙點心也是十分常見。

百里香

百里香可以整株搭配肉類、海鮮一起燒烤,或是只取下葉片作為提味。由於它耐久煮,因此不論是燉湯、製作醬汁都很適合。也常常當作麵包、糕點中點綴的香料。

其中以略帶酸味的檸檬百里香最受歡迎,因為它具有天然的殺菌防腐效果。

薄荷

薄荷的品種非常多,最常見的就是綠薄荷。

薄荷不適合長時間烹煮,因此多用於製作醬料,或是起鍋前在鍋中翻炒一下提味而已。

巴西利

巴西利又稱為荷蘭芹,在西式料理中是應用非常廣泛的香草,不只是裝飾,舉凡煮湯、醬料、沙拉或餡料都能看到它。

吃起來微辣且帶有檸檬、茴香和胡椒風味。

食材鮮度的保存

蔬菜類（建議購買回家當天直接處理）

常溫保存（根莖類）

馬鈴薯、地瓜和芋頭較不耐冷，不用放進冰箱；可以放入網袋內、用紙包著或是裝進紙袋裡直接置於陰涼通風處，以常溫保存即可。如果擔心它們會因附著於泥土裡的細菌而受傷，可先用水洗淨，但務必充分晾乾後再保存。而切開的山藥本身因含水較多容易受損，請妥善包裹好再放入冰箱冷藏。較慢熟的蔬果，例如南瓜、番茄、奇異果、酪梨等，也建議在室溫下等到熟成後再放入袋中送進冰箱。

袋裝冷藏（基本原則）

瓜果類、葉菜類、菇類等多數蔬菜都適合置於陰暗處保存。一般家庭的話，可將蔬菜放置於冰箱裡專門的蔬果櫃。因為冰箱比較乾燥，建議將菜放進塑膠袋裡，或是以白報紙、廚房紙巾包裹好，再擺進冰箱。若是市售的袋裝蔬菜，可以直接放進冰箱冷藏，但如果袋子裡面有溼氣，要將水先擦乾或晾乾，再裝進塑膠袋裡，才能保鮮。目前市面上也有出專門的蔬果保鮮袋，可以作為多一種選擇。

性質不同，冷藏保存要領不同（去蒂、去籽、直立、包紙、裝盒等等）

葉菜類、帶花的蔬果類，要將葉子或花穗部分朝上直立，保存時間才會長。容易變乾的山藥要先用報紙、廚房紙巾或保鮮膜包著，再放進塑膠袋裡。南瓜切開後則要去籽及蒂頭，才能維持新鮮度。白蘿蔔和胡蘿蔔的水分會被葉子吸收，使根莖的表面變皺，因此買回家後可先將葉梗切掉，再分別裝進袋子，置於冰箱保存。容易被壓扁的蔬菜記得要裝進保鮮盒裡，再放入冰箱冷藏。

冷凍保存（常見蔬菜的應對）

偶爾會碰到來不及在熟成後立即食用的蔬菜；這時候可以用快速汆燙殺菁再冷凍的方式延長保存時間。但建議還是以組織、質地較硬的蔬菜為優先，例如花椰菜、南瓜、胡蘿蔔、莢豆類（如毛豆、四季豆）、蘆筍、玉米、馬鈴薯等。至於葉菜類，因為質地較軟，像菠菜、地瓜葉，汆燙後水分滲出較多，就不適合做冷凍蔬菜。

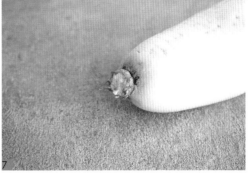

1 青花筍用紙包裹
2 直立存放
3 專門的蔬果保鮮袋
4 網袋
5 紙袋
6 山藥用紙包裹
7 去除蘿蔔葉可延長保鮮

肉類（建議購買回家當天直接處理）

食材分切大小一致

為了使放在同一袋內的食材，在冷凍及解凍時的速度一致，要將之切成相同的大小或厚度再加以保存。

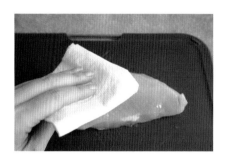

拭乾食材上多餘水分

肉類食材一但留有過多的水分直接冷凍，肉中的水分在結冰過程中體積會增大，進而撐開肉的空隙；在解凍過程，冰溶化為水時，不僅會留下這些空隙，同時還會帶走肉中的養分和美味，使肉的口感變得乾澀，味道也會受影響；因此在將肉品冷凍前，要記得將水分擦乾後再送入冰箱。

事先調味，醃製入味

可以將肉品與醃製用的醬料食材混合均勻後放進保鮮袋中，再送進冷凍庫。透過冷凍醃製的方式，肉類可以放久一點。而前面提到冷凍過的肉品口感可能因為水分的關係而變差；但如果加了醃製醬料，就能阻擋水分與肉結合，同時也賦予肉品不同的風味。要用的時候，只要前一晚把肉放到冷藏室退冰，隔天即可烹煮；大幅省下了烹調的時間。

分裝每次用量（包裝要領）

肉品買回家後應先分類且分成合適的份量再包裝放入冷藏或冷凍保存。包裝時要避免同時處理不同肉品，這樣才能降低不同肉品之間交叉污染的可能性。裝袋時要使用透氣性低的夾鏈袋，同時要將袋內的空氣擠壓出來，這樣就不容易氧化變質。記得要在袋上標示裝袋日期及品項再依序擺放，並且要在45 天內食用完畢。

其他食材

主食

煮一杯米與兩杯米的時間是差不多的;建議可以在空閒時先一次煮兩至三杯米(約 4～6 餐的量),再將之以一餐的份量分別用保鮮膜妥善包起後,壓平成好放入冷凍庫的四角形(其他穀類也可以這樣操作)。

像是地瓜也可以先烤或蒸好後再放進冷凍庫裡,要吃的時候單純退冰或是再次加熱都可以。馬鈴薯則可以蒸熟後先壓成泥,再依每餐的份量分裝好後冷凍保存。

高湯

如果是以新鮮食材或是高湯包所自製的手作高湯,成品可以在冰箱內冷藏保存 3～4 天;若是放入冷凍,建議可以放進製冰盒中,需要時就可隨時取用,非常方便。不過建議還是在 1～2 個月內用完。若是覺得麻煩,也有市售高湯可供選擇。

罐頭

未開封的罐頭,可以放置於陽光無法直射的陰涼處。而已開封的罐頭產品若是一次無法使用完畢,則需將沒用完的食物從罐頭內撈出來另外放入乾淨的密封容器裡冷藏保存。即便是另外保存,最好也在 3～4 日內使用完。

雞蛋

雞蛋請等到要烹煮前,再使用清水將表面洗淨即可。由於蛋殼上不僅有氣孔,還有一層薄膜,在清洗過程中會把膜破壞掉;易使蛋殼表面的細菌滲入雞蛋中,加快雞蛋變質。擺放雞蛋時鈍頭朝上、尖頭朝下。因為雞蛋的氣室位於雞蛋鈍端部分,把尖端向下,氣室跟蛋白就沒有接觸的機會,比較不會汙染到雞蛋,易保持新鮮。

而雞蛋在冬季室內的常溫下能放 15 天左右;夏季則為 10 天左右。放入冰箱則能放 1 個月左右,但最好能趁新鮮盡早吃完越好。

使用有效率的廚房工具

工欲善其事，必先利其器。
要開始享受愉快的一人開伙生活，
當然要有一些讓你事半功倍的好用器具。

但，廚房道具真的是怎麼買都買不完，
這邊只列出我個人認為一定要擁有的必備器材。
沒有它們，我做什麼都會覺得綁手綁腳；
有了它們，必定能讓你的烹飪道路走得更加順遂！

精準計量不失誤

在一開始學習烹飪時，最好能多多建立自信心。而料理零失敗的祕訣，就在於精準測量食材和調味料的用量。等累積的經驗夠多了，自然就會有手感知道怎樣的比例能做出美味的料理；新手在一開始接觸烹飪時，還是建議要準備這些測量工具來提高成功機率。

量杯

當需要使用較大量液態調味料時，量杯能有效率測量出需要使用的容量。量杯的刻度必須在水平時觀看才為正確。歐洲的一杯是用公制 250ml、美國用英制 236 ～ 240ml；而日韓則是用 200ml。台灣大多是用美制的。

量匙

可以購買市售 4 件套組。大小分別是 1 大匙、1 小匙、1/2 小匙和 1/4 小匙；可以精準測量所需用量，也能相疊方便收納。

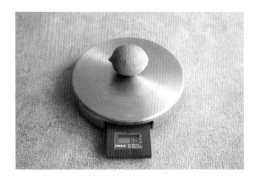

電子秤

電子秤是正確量出食材重量不可或缺的好物；不僅在分裝食材時較為方便，在料理及烘焙時也能精確量測份量與比例。有在計算每日攝取食物和營養素比例的朋友更應該準備一台。

加快備料速度

三德刀

三德刀其實是日文英譯「santoku」而來。它融合了中、西兩種廚刀的優點。比西式廚刀短小，但刀尖更加圓潤；跟中式大菜刀比起來則是輕巧許多，不過刀面還是保留相對大的面積，讓你方便將切好的食材一次盛起。不論是切蔬菜、水果、魚類、肉類都很方便；對於廚房初學者來說如果只先選一把刀，那三德刀會是我的首選。

削皮刀

削皮刀除了可以快速削去蔬果的果皮，還能將小黃瓜、蘿蔔等條狀蔬果刨成長薄片；有些雙刃設計的還可以用來刨絲；刀頭也有挖除芽眼的小圓環設計。

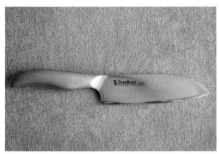

料理剪刀

如果廚房裡只能留下一樣處理食材的工具，我應該會毫不考慮的直接拿起料理剪刀。由於不論是在備料過程中的剪菜、切肉，還是準備裝飾提味用的蔥花、海苔絲等，都能透過它輕鬆完成。

有些料理剪刀還會附加其他便利的功能，例如握把中心鋸齒處可以輔助開瓶或夾碎堅果；或是在握把尾端有特殊的金屬突起，可用於開罐或挖除馬鈴薯芽更有些剪刀還能刮除魚鱗、削皮或是取代水果刀使用。最重要的是還能少洗一個砧板（懶）。

砧板

可以依個人喜好及預算去挑選合適的材質。購買時，應盡可能選擇尺寸較大的砧板。由於大尺寸的砧板可避免食物的汁液弄髒流理台，也能防止食材掉出砧板範圍；進而維持操作上的安全與衛生。

越厚的砧板會有越好的彈性和緩衝力，處理需要切剁的食材時，較不容易造成手腕的疲勞。在使用砧板時，可以在下方墊一塊擰乾的濕抹布，即可達到防滑的效果。並且盡可能將生、熟食分別用不同的砧板處理。

簡易食物調理機／
手持調理棒

如果沒有特殊需求，初學者在一開始其實可以不用買到非常昂貴的專業調理機。你可以選擇一台合適價位、尺寸方便、具有將食材切碎、磨泥、攪拌等功能的「食物調理機」或「食物調理棒」；現在有的機型還會附上打蛋器可供替換。讓你能更有效率且輕鬆的將食材處理妥善。

沒有它們就真的不用做菜了

鍋鏟／料理筷／食物夾

◆ 鍋鏟：我喜歡使用前端較薄且耐高溫的矽膠鍋鏟；在翻炒食材的過程較不容易將柔軟的食材壓碎。

◆ 料理筷：雖說也能使用一般筷子，但料理筷較長，使用起來較不容易被高溫燙傷；作為捲麵的器具更是方便。

◆ 食物夾：一次就能夾取較多且較重的食材、對於在料理長條狀或是翻烤大塊狀的食物會較為方便（例如麵條與牛排）。

煎／炒鍋

不論是煎、炒、煮、蒸，所有的烹調方式都可以。我個人習慣使用直徑30公分左右的鍋具，因為鍋內面積較大，煮多煮少都適合。

一開始若是只用來準備 1 ～ 2 人份的料理，可以先選擇直徑 20 ～ 24公分左右的鍋具；使用起來較輕且不占空間。並且建議一定要挑選有鍋蓋的款式，在燜煮、蒸燉時會更為方便。材質則是選擇越不容易沾鍋的款式越好處理，但若是使用鐵氟龍材質的不沾鍋具，記得千萬不能高溫空燒，一但出現塗層脫落的狀況請務必立即更換，以免影響健康。

湯鍋

湯鍋的部分則可依個人喜歡的材質去做挑選；我會建議準備兩款不同的鍋具；其中一只可以挑選較輕巧且直徑較小的鍋具，方便用於平常簡單氽燙蔬菜、煮麵時使用。另一只則是選擇適合用於慢熬燉煮的鑄鐵、不鏽鋼、琺瑯等材質的料理鍋。兩者互相搭配便能游刃有餘。

水波爐

如果預算 ok，我非常推薦家裡能準備一台水波爐。只要一機就能擁有微波、燒烤、烘焙、蒸煮、氣炸等功能。有效節省廚房空間。且因功能強大，能以較高的人工智能協助處理食材，亦能省時、省力且降低料理的失敗率。

電（子）鍋

電（子）鍋除了可以煮各式米種，還能煲湯、燉菜、蒸食，甚至是做蛋糕。我個人習慣使用電子鍋來煮飯；用電子鍋煮出來的米飯味道及口感都好，且通常會有可愛的螃蟹洞！另外也建議選擇有定時功能的電子鍋，能讓你在忙碌時更有效率。

＊蟹穴：煮飯時出現的蟹穴其實是水蒸氣的「通風孔」，鍋中的水對流促使了米飯被均勻加熱。
　　也因此，日本才會有此一說，認為螃蟹洞越多，米飯越美味。

微波爐

除了最方便的功能就是將食物復熱外；也可以利用微波爐將蔬菜快速煮熟，並且不會占用到爐火與鍋具。有時候利用微波加熱所煮出來的蔬菜顏色更能保持在鮮豔的狀態，例如茄子就是最好的例子。

烤箱 / 氣炸鍋

通常烤箱或是氣炸鍋料理的基本步驟就是先將食材處理完成、再放進合適的器皿中排列組合，最後設定烘烤時間，如此而已。對於剛學做菜的入門者其實相對友善。一開始只要確實參照烤箱／氣炸鍋料理的食譜所建議的溫度與時間去操作，基本上要失敗也不容易。但其中將烤箱預熱這個步驟請千萬不要忽略，以免因為溫度不夠，做出沒熟的料理。

打造專屬於
個人的
餐桌風景

常用蔬菜切割刀法（以白蘿蔔為示範）

削厚皮

先切成圓形的厚塊狀，再沿著側面的彎度將刀面貼合蘿蔔；一手握著蘿蔔，另一手抵住刀面；接著往內下刀0.2～0.3公分，再慢慢旋轉削皮。燉煮時，將皮的部分多削掉一些，會比較容易煮軟。剩下的皮洗淨後還能用來醃漬蘿蔔乾。

削薄皮

縱向拿著蘿蔔，再用削皮器直直地往下拉開，就能削去一層薄皮。也可以將蘿蔔放在桌上，再沿著蘿蔔的形狀削出一條條完整的長薄片，用來做沙拉、涼拌都很好看。亦適用於其他長條形蔬菜。

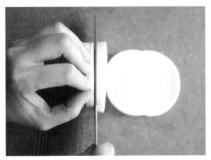

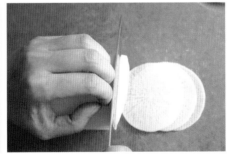

切成圓片

將蘿蔔橫放，切出圓形的切面。燉煮時適合切成1～2公分的厚度。切成0.2～0.3公分的薄片時，則適合做成沙拉。

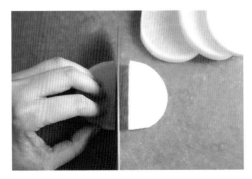

切成半圓片

先切成所需厚度的圓片後，再縱向從中對切開來；也可以先從縱向對切剖開，再從側邊切成需要的厚度。切成半圓片的面積更小，會比切成圓片更容易煮熟。

切成細絲

將蘿蔔先切成薄片；再將薄片稍微攤開地疊在一起，從邊緣開始細切。由於纖維被斜切開來，比較容易炒、煮熟、用於涼拌也適合。

切成扇形

先切成所需厚度的圓片後，再以「十」字形切割；也可以先縱向切成4條長塊後，再從側邊切成合適的厚度。這樣的扇形片或塊在煮湯時快熟、模樣也可愛。

切長段

先切成所需長度的厚片狀，再將厚片以纖維方向擺直疊放後，從邊緣開始切成需要的寬度即可。

切成小丁

先順著纖維方向縱切成1公分的厚片，再將厚片切成1公分寬的長條狀，最後從邊緣以1公分的間距切成小塊即完成。

切成滾刀塊

從最尖端開始斜切，接著朝自己的方向轉90度，再繼續斜切即可。這種切法的切口較大，容易入味與煮熟。

刻花

先切出厚片後，再以喜歡的刻花模型壓出不同樣式；若是喜歡有立體感的花型，可以再用刀將中間的紋路刻畫得更加明顯。剩餘的邊角料不要浪費，可以用作炊飯、炒飯、肉餡或丸子的配料。

常用辛香料妝點技法

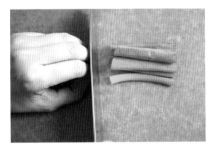

蔥花

將蔥的頂端對齊排放，從邊緣開始斜切或直切成所需的寬度。

蔥段

將蔥的頂端對齊排放，從邊緣開始直切或斜切成4公分左右的長度。

蔥絲

將切好的蔥段（約7～8公分較好看）縱向劃一刀後，再順著蔥段紋理細切成絲；接著將細蔥絲泡進冷水10秒後取出，就會捲成好看的樣子。

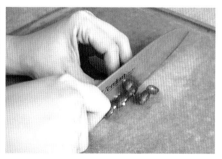

辣椒圈

將辣椒夾在兩手中來回搓動，讓辣椒籽與囊分離；接著斜切或直切成圈。

薑、蒜、蘿蔔泥

去除外皮後，垂直地將薑、蒜、蘿蔔放在磨泥器上，以畫圓的方式研磨成泥。

擺盤方式

置中、堆疊、對稱、對比及各式排列。
妥善經營餐盤裡的佈局，在乎的不只是讓食物變得好看，而是藉由擺盤更激起用餐者的食慾。

置中

最簡單也最常見的擺盤方式。在中式料理很容易可以看到這樣的擺盤；或是使用於單一個大主體的料理。擺盤時，只需將食物擺放在食器中心的位置即可；建議在食物的上方可以裝飾一些蔥絲、辣椒圈等來增加料理豐富度。

堆疊

賦與料理層次與增加立體感；將料理兩兩交錯相疊、或是層層排放成塔狀；除了能呈現向上延伸的視覺效果，還能較扁平狀擺放的料理看起來量更多且有色彩差異，顯現出俐落層次；不同食材堆疊會有多層變化的樂趣，也能呈現出更多倍好吃的模樣。

對稱

將食器劃分成差不多面積的兩個區塊，再分別擺上兩種不同的食材，呈現出平衡的樣態。常見於有拌飯料的菜色，像是咖哩飯、燴飯等等。

對比

以餐盤內不同顏色或不同尺寸的食材擺出差異性；顯現出主從關係及較強烈的對比。

排列

←交錯

將菜餚內的食材以穿插的
方式排列成長條,或是棋
盤格,顯現出層次感又有
律動性。

↓放射

將獨立擺放看起來有些呆版或空虛的食材以放射狀去做排列,會讓份量看起來變多且
有變化。

↑ **重複**

將同樣造型、尺寸的食材以有規律、反覆的排列；營造出整齊有條理的樣貌。

↑ **隨興**

將料理中的食材與配料以亂中有序、隨意卻又不失秩序的方式錯開放入食器中；料理本身如果使用了色彩豐富的食材，請勿將各種顏色都集中在一個地方，而是要均勻且分散的擺放，塑造出有動感又豐富的感覺。

食材應用

塑型、綁結、鑲嵌、畫盤

擺盤的重點在於主題的設定；增加過多綴飾反而會喧賓奪主並且變成畫蛇添足；突出一個最亮眼的重點即可。

塑形

塑形是利用外介的力量改變食物原本的外貌。最常使用在柔軟且容易塑造形狀的泥狀食材；會以模具或是雙手輔助改變外觀。

綁結

利用長線狀的食物或是棉繩，以綁結的方式包裹住其他分散需固定或包覆的食材；呈現巧思與創意。好用的長線狀食材有青蔥、韭菜、水蓮等等。

＊建議將長線狀食材先行以滾水汆燙10秒鐘，綑綁時才不易斷裂。

鑲嵌

利用天然的食材取代一般餐皿做為盛裝的器具,將料理直接鑲嵌其中。除了使用與內容物相同的食材外殼以呈現相得益彰的美味外;不同食材合併使用時,還能變化出更有層次的口感與味道。

畫盤

當料理本身有合適的醬汁及盤面空間時,則可利用工具將醬汁當作顏料在盤中勾繪出美麗的線條,讓原本平凡的醬料賦予料理新的動感及生命力。畫盤的筆觸取決於工具和醬汁的濃稠度,越濃稠的醬汁通常越好操作。

食器篇

在著重照片分享的現在，料理越發講究「內外兼修」；不僅要美味、視覺美感也非常重要。有研究指出，料理除了食材本身，擺盤與食器的呈現方式都能夠影響人們判斷盤中的食物是珍饈佳餚，抑或是粗茶淡飯。選擇合適的食器搭配辛苦製作的美味料理，絕對能讓用餐的感官享受加乘再加乘。

配色：
不同色系的應用

除了料理本身的食材配色，在餐桌上的食器色彩更是會影響用餐的氛圍。盡可能地在料理前就想好當餐的食器搭配，讓自己在烹飪與出餐時間的掌控上更加遊刃有餘。不但能提前構思料理在盤中應該呈現的樣貌，也能讓食物在第一時間就能盡快上桌，維持在最美味的狀態。

黑白極簡的對比

黑與白再外加灰色，絕對是最安全的食器顏色。它們中性，不帶情緒，能讓任何食材從它們身上跳脫出來。也許有一些會帶有不同的紋路，能增添一些個性；基本上會是萬無一失的好選擇。

* 黑色的餐盤就像一塊無光的高雅背景，有了它的映襯，即使只是一點微弱的星光，低調內斂的風景仍舊翩然起舞。

* 白色器皿是經典中的經典。雖然百搭，但有時也稍嫌單調；在挑選白色餐盤時不妨換換感覺，選擇一些帶有不同質感與紋路的款式。

用深色食器襯托出食材

單一食材若是簡單放在白色器皿上雖不至於會失誤,但有時會流於千篇一律。這時不妨大膽地使用深色系的餐盤吧!當盤子和料理的顏色形成更明顯的對比,即時沒有其他華麗的盤飾,也能看起來搶眼出色。

*冷色調的深藍色器皿實用度非常高,可隨意搭配任何料理;尤以食物大多為暖色調,兩相搭配更能有平衡感。

*深褐色與深綠色這兩種大地色系的餐盤因為與絕大部分食物的色調相近,相互搭配會有一種質樸溫潤的感覺。

亮色系及有花樣的
活潑餐盤

偶爾也會碰上較沒個性與特色的食物，這時就很適合稍微大膽一點地選用色彩強烈、或是帶有圖騰的餐盤。以此能讓食物跳脫平凡，變得更加亮眼！

延續食材顏色的
自然呼應

有時候以菜餚裡的主色調去挑
選餐盤可以達到呼應的效果。
讓整體視覺看起來平衡、協調
且有一致性,同時具有無侵略
性的層次感。

質地：不同材質的選擇

為了安全起見，建議對擺盤還沒有自信的新手可以先挑選純色無圖騰的餐盤，但可以選擇一些質地比較不一樣的器皿；沒那麼光滑、摸起來有手感、或是材質本身就帶有天然的花紋；如此一來，即使沒有印上花樣，食器本身的肌理線條也能營造出不同氛圍。

手作感陶器

富有匠人氣息、形狀不規則或是散發粗獷有手作感的器皿也越來越受歡迎，能為庸庸碌碌的冷漠生活注入一絲安定人心的溫暖。

木製食器

每一塊木托盤或木碗都有自己專屬的印記，彷彿能將生命力繼續延續；這樣的木器皿能帶給人溫暖的感覺；可以試著將自己喜歡紋路的木食器放在餐桌上營造溫馨的氛圍。

自然感碗盤

除了木紋、富手作感的陶器以外，石材紋理、竹製器皿或是椰殼製成的餐碗等較天然材質的食器都會有自己的花紋及質地；這樣帶著不同個性的器皿也能和食物碰撞出不同的火花。

石紋帶有一點剛毅、又有點高貴的氣質。

竹製纖維、天然椰殼則富有大自然的氣息。

透明系器皿

食器的材質能左右餐點的溫度；晶瑩剔透的玻璃、壓克力等素材都能賦予餐點涼爽清透的感覺，尤其在炎炎夏日更是合適；光是在視覺上就有消暑的作用。因此在酷暑時節可以善加利用高腳杯、啤酒杯、冰淇淋杯等玻璃器皿讓人開胃並且增加食欲。

形狀：不同造型的搭配

在餐桌上擺放不同造型的餐盤會產生律動，並形成抑揚頓挫的節奏感。且使用不同元素的食器搭配、排列，還能讓畫面看起來更加豐富。

高低深淺起伏

利用不同食器的造型製造出高低層次。也許有較高的杯子或較深的碗缽、還有略低的豆皿及較低的淺盤，在同一個平面上製造高低起伏，同時突顯出料理的主從關係。

異材質組合
跳脫平凡

將兩種以上不同材質的食器揉和在一起做變化，除了能產生對比衝突感、也能有互補的作用。就算是一條簡單柔軟的布餐巾也能消弭及弱化食器的生硬感；營造出將食材包覆起來的溫柔感覺。

不同造型顯出特色

狹長型的餐盤能讓食物份量看起來
增加;方形的器皿則適合放上圓形
的料理製造留白感;不規則形狀的
盤子雖不算常見,但只要運用得
當,不用多加點綴,盤子本身的線
條就是最好的裝飾。

直接將鍋具上桌

把料理以鐵製煎鍋或是陶製湯鍋直接放上桌，不但能吃到保溫性較好的暖呼呼食物；也能製造熱騰騰的視覺效果，同時還能營造隨性、不造作的居家生活感。

COOKING
用料理來療癒自己

◎ 做料理其實是一件無比開心的事。就算是處在焦躁生氣的狀態,藉由做菜就能讓你的心慢慢沉靜;當吃到自己做的美味佳餚,不愉快的情緒通通會被拋到九霄雲外!

◎ 做菜絕對不要有壓力;如果覺得麻煩的話,就省略一些無關緊要的步驟吧!為了心情愉悅的正向偷工減料,是完全沒有問題的。

◎ 整天忙忙忙、趕趕趕,總算下班了。回到家中放慢腳步、優閒輕鬆地開伙;廚房就是專屬於你一人的小天地,可以把惱人的情緒和工作通通拋開;沒有人會指使你做這個做那個、也沒有人會要求你一定要照規則走。

◎ 一個人開伙只要照顧好「自己的」口味;今天想吃和食就來做個紫蘇梅汁地瓜雞、香油芝麻小松菜,再煮個油豆腐胡蘿蔔菇菇味噌湯;明天想換成東南亞口味,就簡單炒個泰式櫛瓜麵;不用在意其他人的口味;愛吃什麼、就做什麼。

◎ 除了衣服、化妝品樓層;百貨公司裡又多了一些可以流連忘返的地方。你可以到超市挖掘新奇有趣的調味料回家研究菜色、你可以在食器家飾區挑選到美麗優雅的餐盤、器皿;間接開發出另一個紓壓管道!

◎ 試著用料理來好好照顧自己。選用健康的食材、令人安心的烹調過程;跟自己信心喊話「我正往健康之路邁進!」,努力且堅定地堅持下去。

◎ 除了有趣的烹飪過程很療癒外;依照當天的心情、當天的菜色,你還能嚐試不一樣的擺盤、使用不一樣的食器、桌巾,搭配出令人賞心悅目的餐桌風景。

◎ 因為會做料理,你可以隨時在家宴請家人朋友;當聽到眾人的讚不絕口、看到大家吃得盤底朝天;你的心裡也會得到滿滿的成就感:)

百搭常備主菜
加熱就能直接享用的美味

在週末或是時間較充裕的平日夜晚，
花點時間將這些常備主菜先準備好；
對於忙碌的你，每日下廚就會變得輕鬆許多。
事先將買好的食材處理完善，
也不用擔心因為突然的加班或是臨時的聚餐，
讓食材又放到壞掉而產生浪費。
要食用時只需要加熱一下，
就有熱騰騰又健康的食物可以享用；
就連隔日的便當菜都不用煩惱。

★準備冷凍常備主食的幾個要訣

· 務必使用新鮮食材；才能在冷凍時保留食物最好的狀態。
· 盡量將食材上的水分擦拭乾淨；避免解凍後出水影響味道。
· 將袋內空氣擠出預防食材凍傷、氧化及變色·將品名及製作時間清楚註記在保鮮袋上（可善用好寫的紙膠帶）。
· 請確實在 1～2 個月內食用完畢；避免食物新鮮度降低。

★解凍方法

· 前一天放入冰箱冷藏區自然解凍。
· 以微波爐附設的解凍功能，解凍至所需的狀態。
· 連包裝袋在自來水下沖 1～2 分鐘後，以半解凍的方式直接加熱。

咖哩優格嫩雞

食材
雞胸肉　300g

調味料
無糖優格　3大匙
清酒　2大匙
橄欖油　1大匙
咖哩粉　2小匙
蒜泥　1瓣量
醬油　1大匙
鹽　1小匙

作法
1 每片雞胸肉對切成兩半，再切成一口大小。

2 將雞胸肉與油以外的調味料放入食品用夾鏈袋內；在袋中抓捏、混和，使調味料均勻沾附在雞胸肉上。

3 接著淋上橄欖油（類似鍍膜，將水分及調味鎖住，並讓雞胸肉更加柔軟），一樣均勻塗抹在雞胸肉表面。

4 最後將食材在袋中攤平，並將空氣擠壓出來後關緊夾鏈袋；標註品名和製作時間，送入冷凍。

建議料理方式
1 鍋中放入一小匙油，將袋中所有解凍後的食材連同醬料一起入鍋以小火翻炒。

2 表面炒至熟色後，加入一大匙熱水、蓋上鍋蓋燜煮 6 分鐘。

3 開蓋，轉中大火，將醬汁稍微收乾後即可起鍋。

4 可以點綴一點堅果碎和小番茄會更增添食欲。

保存期限：45 日　份量：2 餐

酸甜雞翅

食材

雞翅　6～8隻

調味料

蒜泥　2瓣量

生薑泥　2片量

白醋　2大匙

醬油　2大匙

味醂　2大匙

作法

1 將雞翅與所有調味料放入調理盆內抓捏、混和；使調味料均勻沾附在雞翅上。

2 再將食材與醬汁放入食品用夾鏈袋內，於袋中將雞翅攤平，並將空氣擠壓出來後關緊夾鏈袋；標註品名和製作時間，送入冷凍。

建議料理方式

1 將退冰的雞翅放上鋪有烘焙紙的烤盤內。

2 送入以攝氏 180 度預熱完成的烤箱中，烘烤 25 分鐘。

3 出爐後撒點白芝麻再擠上檸檬汁即可。

保存期限：45 日　　份量：2 餐

雞

辣味噌雞

食材

雞腿排　2大片（約300g）

調味料

韓式辣醬　2小匙
味噌　2小匙
清酒　1大匙

作法

1 將調味料均勻塗抹至雞腿排肉面（皮面不需塗抹）。

2 再將兩片雞腿排肉面相貼合，攤平放入食品用夾鏈袋中，並將空氣擠壓出來後關緊夾鏈袋；標註品名和製作時間，送入冷凍。

建議料理方式

1 將退冰的雞腿排以皮面朝下的方式放入鍋中。

2 不須加油，開中火，用鍋鏟壓住腿排約 3 ～ 5 分鐘；將皮面煎至金黃略帶微微焦色。

3 將腿排翻面後轉小火並且加蓋，直接用雞皮乾煸出來的油來燜煎肉面（約 5 分鐘）。

4 開蓋後用筷子插入腿排最厚的區塊，若是流出的湯汁為透明無色即完成。

5 擠顆小金桔汁搭配會更加美味。

保存期限：45 日　份量：2 餐

毛豆雞肉煎餅

食材

雞胸肉　200g
熟毛豆粒　100g
蔥花　3〜4根量
雞蛋　1顆
低筋麵粉　1大匙

調味料

醬油　1大匙
清酒　1大匙
黑胡椒　少許
麻油　少許

作法

1 先將雞胸肉用調理機攪打或剁碎成絞肉。

2 接著將所有食材及調味料混和揉捏均勻致產生黏性。

3 使用食物秤將之以80〜100g為單位分成4塊圓餅，再分別用保鮮膜包起來。

4 最後將圓餅放入食品用夾鏈袋中，並將空氣擠壓出來後關緊夾鏈袋；標註品名和製作時間，送入冷凍。

建議料理方式

1 鍋中放入一大匙油和退冰的毛豆雞肉圓餅，以中火煎至上色。

2 翻面後轉小火，在鍋內放入兩大匙熱水，加蓋燜煎八分鐘讓兩面皆成為金黃色；開蓋後用筷子插入肉餅，若是流出的湯汁為透明無色即完成。

保存期限：45日　份量：2餐

蜂蜜味噌豬

食材

豬里肌肉排　2大片

（約300g）

調味料

味噌　1大匙（赤白皆可）

清酒　1大匙

蜂蜜　1大匙

＊不同味噌會影響肉片成
品顏色深淺

作法

1 豬里肌肉排先行斷筋，避免在烹調過程中捲
縮；並且用刀背或肉錘稍微敲打一下肉排使之
更加鬆軟。

2 將豬里肌肉排與調味料放入食品用夾鏈袋內，
在袋中抓捏、混和，使調味料均勻沾附在肉排
上。

3 最後將食材在袋中攤平，並將空氣擠壓出來後
關緊夾鏈袋；標註品名和製作時間，送入冷
凍。

建議料理方式

1 鍋中放入一大匙油和退冰的豬排，以中火煎至
單面呈金褐／黃色。

2 翻面後轉小火，同樣煎至上色即完成。

＊使用赤味噌醃製後所煎出的豬排顏色會較白味噌醃製
的豬排來得深。

保存期限：45日　份量：2餐

生薑豬肉片

食材

豬梅花／里肌肉片　250g

調味料

生薑泥　1片量
清酒　1大匙
味醂　1大匙
醬油　1大匙

作法

1 將豬肉片與調味料放入食品用夾鏈袋內，在袋中抓捏、混和，使調味料均勻沾附在豬肉上。

2 最後將食材在袋中攤平，並將空氣擠壓出來後關緊夾鏈袋；標註品名和製作時間，送入冷凍。

建議料理方式

鍋中放入一小匙麻油和退冰的豬肉片，以中火翻炒至肉呈熟色即完成。

＊搭配白蘿蔔泥和金桔汁一起享用會更加清爽。

保存期限：45 日　份量：2 餐

千張豬肉春捲

食材

瘦豬絞肉　150g
蓮藕　50g
胡蘿蔔　50g
洋蔥　50g
蔥　3根

千張豆腐紙　6～8張

調味料

鹽　1/2小匙
米酒　1大匙
醬油　1大匙

作法

1　將所有蔬菜切碎／使用調理機打碎。

2　接著將豆腐紙以外的所有食材及調味料混和揉捏均勻
　致產生黏性。

3　再用湯匙將黏稠泥狀的餡料鋪在豆腐紙上最左側1/4
　處，豆腐紙的上方及下方各留3～4公分。

4　將豆腐捲以向右、下、上的方向包裹，最後將之從右
　側向左側封口。封口處可沾點肉餡黏緊避免散開。

5　最後將春捲放入食品用夾鏈袋中，並將空氣擠壓出來
　後關緊夾鏈袋；標註品名和製作時間，送入冷凍。

建議料理方式

春捲稍微退冰 30 分鐘，噴／抹上薄油；放進以攝氏
210 度預熱完成的烤箱中，烤 15 分鐘，中間翻面一次
即完成。

＊直接下鍋煎、使用水波爐的炸物模式或是以氣炸鍋來
　加熱也很方便。

保存期限：45 日　份量：2 餐

鹽麴豬頸肉

食材

豬頸肉　300g

調味料

鹽麴　1大匙
清酒　1大匙

作法

1 豬頸肉逆紋斜切成約2公分寬之薄片。

2 豬頸肉與調味料放入食品用夾鏈袋內,在袋中抓捏、混和,使調味料均勻沾附在豬頸肉上。

3 最後將食材在袋中攤平,並將空氣擠壓出來後關緊夾鏈袋;標註品名和製作時間,送入冷凍。

建議料理方式

1 將退冰的松阪豬放上鋪有烘焙紙的烤盤中。

2 接著送入以攝氏 200 度預熱完成的烤箱內,烤 10 ～ 15 分鐘。

3 上桌前撒點七味粉就可以開動了!

保存期限:45 日　　份量:2 餐

牛肉沙嗲

食材

牛嫩肩里肌排　300g

調味料

醬油　1大匙
蒜泥　1小匙
辣咖哩塊　1小塊
花生醬　2大匙
椰漿　3大匙

作法

1 牛排逆紋切成一口大小之塊狀。

2 所有調味料全放入一個容器內；將咖哩塊捏碎成泥狀，並且攪拌均勻；若是咖哩塊過硬（例如從冰箱中拿出），可加入少許熱水幫助溶解。

3 將牛肉塊與攪拌均勻後的調味料放入食品用夾鏈袋內，在袋中抓捏、混和，使調味料均勻沾附在牛肉上。

4 最後將食材在袋中攤平，並將空氣擠壓出來後關緊夾鏈袋；標註品名和製作時間，送入冷凍。

建議料理方式

1 將退冰的牛肉塊和小番茄一起用烤籤串起，再放上鋪有烘焙紙的烤盤中。

2 送入以攝氏 230 度預熱完成的烤箱內，烤 10 分鐘即完成。

保存期限：45 日　　份量：2 餐

伍斯特 牛肉片

食材

牛梅花肉片　300g
彩椒　1顆（切塊）

調味料

伍斯特醬　1大匙
番茄醬　1大匙
蒜泥　1小匙
鹽　1小匙
胡椒　少許

作法

1 將牛肉片、彩椒與調味料放入食品用夾鏈袋內；在袋中抓捏、混和，使調味料均勻沾附在食材上。

2 最後將食材在袋中攤平，並將空氣擠壓出來後關緊夾鏈袋；標註品名和製作時間，送入冷凍。

建議料理方式

鍋中放入一小匙油和退冰的彩椒牛肉片，以中火翻炒至牛肉呈熟色、彩椒變軟即完成。

保存期限：45日　份量：2餐

番茄牛肉醬

食材

牛絞肉　150g
牛番茄　2顆（切丁）
洋蔥　半顆（切丁）
蒜　5辦（切末）
蘑菇　5朵（切片）
雞高湯　100ml

調味料

伍斯特醬　2小匙
鹽　1小匙
胡椒　少許
義式香料　少許

作法

1 將牛絞肉及蒜末放入鍋中炒至肉末8分熟後起鍋待用。

2 將切片蘑菇以小火乾煎至金褐色；接著放入切丁的洋蔥一起翻炒至洋蔥變軟且呈金黃。

3 再將一樣切丁的番茄也入鍋，炒至出水後又大致收乾就可以將所有食材及調味料全下鍋；加入高湯後，以小火仔細熬煮至濃稠狀就完成了。

4 最後將冷卻的肉醬攤平放入食品用夾鏈袋內，並將空氣擠壓出來後關緊夾鏈袋；標註品名和製作時間，送入冷凍。

建議料理方式

牛肉醬退冰後直接微波或水蒸加熱，淋在飯上或是搭配義大利麵一起享用皆非常美味。

保存期限：45 日　份量：2 餐

甜椒燉牛肉

食材
牛肋／腩　300g
甜椒　2顆

調味料
月桂葉　3片
蒜泥　6瓣量
橄欖油　1大匙
鹽　1小匙
巴薩米克醋　1大匙
伍斯特醬　1大匙
水　500ml

作法

1. 牛肋／腩逆紋切成一口大小之塊狀；甜椒去除蒂頭及籽囊後切成約小指粗細之條狀。

2. 將牛肋／腩、甜椒與月桂葉、蒜泥、橄欖油和鹽全放入燉鍋內，先以中小火拌炒五分鐘左右。

3. 接著在鍋中加入巴薩米克醋、伍斯特醬及水，開小火加蓋燜煮一個半小時後熄火；不開蓋再燜30分鐘直至湯汁變得濃且深。

4. 最後將冷卻的燉肉攤平放入食品用夾鏈袋內，並將空氣擠壓出來後關緊夾鏈袋；標註品名和製作時間，送入冷凍。

建議料理方式

燉肉退冰後直接微波或水蒸加熱，淋在飯上或是拌麵享用皆非常美味。

保存期限：45 日　份量：2 餐

雞肉鮮蝦丸

食材

蝦仁　10尾（約150g）

雞胸肉　1片（約150g）

雞蛋　1個

板豆腐　50g

調味料

薑泥　1大匙

醬油　1大匙

鹽　1/2小匙

太白粉　1小匙

胡椒　少許

作法

1 先將雞胸肉及一半的蝦仁以調理機攪打或剁碎成絞肉，剩下的蝦仁切成小塊。

2 接著將所有食材及調味料混和揉捏均勻致產生黏性。

3 將雞肉蝦仁泥揉捏成8～10顆圓型丸子；起一鍋熱水，將丸子汆燙後放涼。

4 最後將丸子放入食品用夾鏈袋中，並將空氣擠壓出來後關緊夾鏈袋；標註品名和製作時間，送入冷凍。

建議料理方式

1 鍋中放入一大匙油，開中火，將解凍的丸子下鍋後搖晃滾動煎至金黃色即可。

2 享用前撒點胡椒粉會更加美味。

保存期限：45日　份量：2餐

香草鮭魚

食材

輪切鮭魚　1片（對半切）

調味料

鹽　1g
研磨胡椒粒　少許
義式乾燥香草　少許

作法

1 一塊輪狀鮭魚對半切成兩片。

2 將調味料均勻塗抹至肉面。

3 再將兩片鮭魚垂直攤平放入食品用夾鏈袋內，並將空氣擠壓出來後關緊夾鏈袋；標註品名和製作時間，送入冷凍。

建議料理方式

1 鍋內放入一小塊奶油（約 5g），開中火，將解凍的鮭魚下鍋後煎至單面微焦上色，再轉小火翻面。

2 淋上一大匙白酒，蓋上鍋蓋，燜煎 5 分鐘；開蓋；用食物夾以垂直方式夾住鮭魚，將魚皮稍微煎至香脆即可上桌。

＊也可以用預熱至攝氏 200 度的烤箱烤 20 分鐘後翻面再烤 5 分鐘即可。

保存期限：45 日　份量：2 餐

海鮮

檸檬魚片

食材

鯛魚片　2片（約300g）
大蒜　4瓣切末
薑　4片切絲
鹽　1/2小匙
米酒　1大匙

調味料

檸檬汁　1顆量
魚露　2大匙
水　1大匙
椰糖　1大匙
辣椒　1根（切圈）
薄荷葉　3～4株

作法

1 先將鯛魚片切成長3～4公分、寬約2公分左右的塊狀，以鹽和米酒抓醃10分鐘。

2 將魚片和薑蒜一起放入合適的容器內入鍋，大火蒸10分鐘，同時間將所有調味料混和均勻。

3 起鍋後將魚片取出，湯汁倒掉，淋上調好的佐料即完成。

4 最後將冷卻的魚片攤平放入食品用夾鏈袋內，並將空氣擠壓出來後關緊夾鏈袋；標註品名和製作時間，送入冷凍。

建議料理方式

1 魚片退冰後直接微波或水蒸加熱即可。

2 別忘了擺上幾片檸檬片點綴一下更添美麗。

保存期限：45日　份量：2餐

橄欖油鮮蝦

食材

新鮮帶殼蝦子　20 尾
（約 300g）

調味料

白酒　1 大匙
橄欖油　1 大匙
鹽　1 小匙
太白粉　2 大匙

作法

1 將新鮮蝦子去頭去腸泥後撒上太白粉抓勻，再用水清洗乾淨。

2 洗好的蝦子用餐巾紙確實吸乾；再將它與太白粉以外的調味料一起放入食品用夾鏈袋內搓揉均勻，並將空氣擠壓出來後關緊夾鏈袋；標註品名和製作時間，送入冷凍。

建議料理方式

1 將 2 瓣大蒜及 1 片薑切成末；與一小匙豆瓣醬和一小匙油一起放入鍋中，開小火炒出香氣。

2 接著放入半解凍的橄欖油漬鮮蝦、半顆番茄丁、一大匙番茄醬、一大匙白酒和 50ml 的雞高湯一起煮滾。

3 最後轉成中大火將醬汁大致收乾就完成。

4 別忘了用小火煸一些蒜片搭配享用。

保存期限：45 日　份量：2 餐

豆腐漢堡排

食材

雞里肌肉　150g
板豆腐　150g
雞蛋　1顆

調味料

薑泥　1大匙
醬油　1大匙
味醂　1大匙
鹽　1/2小匙
胡椒　少許

作法

1 先將雞胸肉以調理機攪打或剁碎成絞肉。

2 接著將所有食材及調味料混和揉捏均勻致產生黏性。

3 使用食物秤將之以80～100g為單位分成4塊圓餅，再分別用保鮮膜包起來。

4 最後將圓餅們放入食品用夾鏈袋中，並將空氣擠壓出來後關緊夾鏈袋；標註品名和製作時間，送入冷凍。

建議料理方式

1 鍋中放入一大匙油和解凍的豆腐漢堡排，以中火加熱煎至上色。

2 翻面後轉小火，加蓋燜煎五分鐘讓兩面皆成為金黃色，開蓋後用筷子插入肉餅，若是流出的湯汁為透明無色即可。

保存期限：45 日　份量：2 餐

黃金豆腐起司煎餅

食材
板豆腐　300g
雞蛋　1顆

調味料
帕馬森起司粉　2大匙
醬油　1大匙
鹽　1/2小匙
胡椒　少許

作法

1 將豆腐以廚房紙巾包覆，上方壓上重物約十分鐘，去除豆腐內的水分。

2 接著將豆腐壓碎並且和其他食材及調味料混和揉捏均勻。

3 使用食物秤將之以80～100g為單位分成4塊圓餅。

4 鍋中放入一大匙油和豆腐起司餅，以中火煎至兩面皆呈金黃色。

5 最後將放涼的豆腐起司餅放入食品用夾鏈袋中，並將空氣擠壓出來後關緊夾鏈袋；標註品名和製作時間，送入冷凍。

建議料理方式

不須解凍，直接於鍋內放一小匙油，以小火將豆腐起司餅加熱回溫即可。

保存期限：45 日　份量：2 餐

豆皮南瓜捲

食材
生豆皮　4片
南瓜　400g

調味料
醬油　1大匙
味醂　1大匙
鹽　1/2小匙
胡椒　少許

作法

1 先將南瓜去皮去籽後，使用微波爐以600W，分兩次各加熱3分鐘或是直接以大火蒸熟；再壓成泥。

2 用豆皮將南瓜泥包裹起來；鍋中放2小匙油，將封口朝下的豆皮南瓜捲放入鍋中以小火煎成金黃色；起鍋前淋上調味料稍微收乾上色即可。

3 最後將放涼的豆皮捲放入食品用夾鏈袋中，並將空氣擠壓出來後關緊夾鏈袋；標註品名和製作時間，送入冷凍。

建議料理方式

鍋中放入一小匙油和解凍的豆皮南瓜捲，以小火加熱回溫即可。

保存期限：45日　　份量：2餐

麻婆天貝

食材

天貝　100g
牛絞肉　150g

調味料

郫縣紅油豆瓣醬　2大匙
永川豆豉　15g
大紅袍花椒粉　1/2小匙
大蒜　2瓣切末
蔥　2根切圈
鹽　1/2小匙
辣椒粉　1小匙
醬油　1小匙
水　300ml
太白粉水　3大匙（太白粉：水=1：2）

作法

1　天貝切成長2～3公分、寬0.5公分左右的小塊。

2　鍋中加入1大匙油，將牛絞肉炒至酥香。接著加入2大匙豆瓣醬，炒出紅油；再加入蒜末、永川豆豉和辣椒粉炒出香氣。

3　倒入300ml的飲用水煮沸；接著加入1小匙醬油提味；再放入天貝以小火煮3～5分鐘，過程可輕輕攪拌使食材更能均勻入味。

4　天貝煮至入味後，用太白粉水分三次勾芡（分三次勾芡可以讓天貝更加滑溜，湯汁也更加濃稠入味）。

5　起鍋後撒上花椒粉、辣椒粉和青蔥末即可。

6　最後將放涼的麻婆天貝放入食品用夾鏈袋中，並將空氣擠壓出來後關緊夾鏈袋；標註品名和製作時間，送入冷凍。

建議料理方式

退冰後直接微波或水蒸加熱即可。
＊將天貝換成嫩豆腐就是正宗麻婆豆腐了。

保存期限：45 日　份量：2 餐

10 分鐘
速成
美味副菜

40 道任意搭配
晚餐定食的副菜

拌拌菜 / 漬物 / 沙拉 / 快煮

除了主菜，好想也來點快速又美味的小菜，讓每日的晚餐及隔日中午的便當更加均衡與豐富！

★ 除了幾道需要一點入味時間的菜色和漬物需提前在有空的晚上或是假日先行製作，其他的料理都能以超快的速度完成

★ 在真的超級忙碌的時候，也可以外帶熟食回家當作主菜，再搭配自己做的快速副菜，補足不夠的營養；這樣就能省時又吃到相對健康的料理囉！

拌拌菜

芥末籽拌蘆筍

食材

蘆筍　4 根

調味料

芥末籽醬　1 小匙
橄欖油　2 小匙
飲用水　2 小匙
鹽　1g

作法

1 將蘆筍底部粗硬纖維削除後切成段；放入鍋內開中火用橄欖油快速拌炒 1 分鐘。

2 鍋內倒入飲用水後，轉小火加蓋燜煎 3 分鐘即可開蓋。

3 起鍋前拌入芥末籽醬及鹽便可盛盤上桌。

香油小黃瓜

食材

小黃瓜　2 根
辣椒圈　1 根

調味料

白醋　1 大匙
糖　1 大匙
香油　數滴
鹽　1 小匙

作法

1 先將小黃瓜以間隔方式刨皮，再切成 0.5 公分厚的圓片。

2 接著用 1 小匙鹽抓醃 30 分鐘去青；再用飲用水沖洗掉多餘的鹽分並且瀝乾。

3 最後用醋、糖、鹽、辣椒和香油至少醃製 30 分鐘；放入冰箱冰鎮後，清涼享用更美味。

清拌高湯番茄

食材
牛番茄　100g（1顆）
龍鬚菜　1 小株（燙熟）
小番茄　1 顆（切半）

調味料
雞高湯　3 大匙

作法
1 番茄底部劃十字，放入滾水中氽燙、去皮。
2 用一個小缽裝進燙好的番茄，再淋上雞高湯。
3 送進微波爐中，以 600W 微波 2 分鐘；或是以大火蒸 5 分鐘也可以。
4 上桌前點綴一小株燙熟的龍鬚菜及切圈的小番茄作為裝飾。

蜂蜜柚子醋拌山藥

食材
山藥　100g
金桔　1 顆

調味料
蜂蜜　1 大匙
柚子醋　2 小匙

作法
1 將山藥去皮後切成薄片（處理山藥時記得戴手套不然會刺癢）。
2 將調味料混和均勻後淋在山藥片上；並點綴切半金桔；待食用再擠上金桔汁即可。

芝麻味噌青花椰

食材
花椰菜　100g
白芝麻粒　少許

調味料
白味噌　1/2 大匙
味醂　1 大匙
七味粉　少許
鹽　1/2 小匙
醋　1 小匙
橄欖油　1 小匙

作法
1 起一鍋滾水放入 1/2 小匙鹽、1 小匙醋（幫助定色）和 1 小匙油；將去除粗硬纖維的花椰菜放入水中氽燙 1 分鐘（菜梗的部分可以壓成花型留用）。起鍋後放入冰水中降溫 20 秒再瀝乾，會更加爽脆。
2 接著將花椰菜與混合後的味噌和味醂拌勻，再撒上七味粉即可。

香油芝麻小松菜

食材

小松菜　150g
白芝麻粒　少許

調味料

沾麵醬油　2 大匙
味醂　1 大匙
冷開水　1 大匙

作法

1　小松菜將根部去除後洗淨；並於莖的最底部用刀劃上十字再放入滾水汆燙 1 分鐘；撈出後，於冷開水裡浸泡 20 秒。
2　待小松菜降溫後，撈起擰乾水分，切成 5 公分左右的長段；同時將調味料混和均勻。
3　將所有小松菜整齊排成圓柱狀後，盛盤，淋上混和好的調味料，撒上芝麻粒即完成。

紫蘇梅花椰菜

食材

花椰菜　100g

調味料

紫蘇梅醬汁　1 大匙（市售）
鹽　1/2 小匙
醋　1 小匙
橄欖油　1 小匙

作法

1　起一鍋滾水放入 1/2 小匙鹽、1 小匙醋（幫助定色）和 1 小匙油；將去除粗硬纖維的花椰菜放入水中汆燙 1 分鐘（菜梗的部分可以壓成花型留用）。起鍋後放入冰水中降溫 20 秒再瀝乾，會更加爽脆。
2　最後淋上現成紫蘇梅醬汁即可。

胡麻茭白筍

食材

茭白筍　200g

調味料

胡麻醬　2 大匙
美乃滋　2 大匙

作法

1　將茭白筍洗淨後，底部稍微切掉，不去殼（將殼裁切至好入鍋長度即可）直接放入滾水中汆燙 8 分鐘。
2　將燙熟的茭白筍（底部變成微透明）先泡入冷水中冷卻後再去殼（在筍殼上劃一刀後會更好退去筍殼）；接著切成滾刀塊。
3　最後淋上美乃滋及胡麻醬混和而成的醬汁便完成了。

椒麻拌三蔬

食材
馬鈴薯　1 顆
蘆筍　4 根
鮮香菇　2 朵

調味料
花椒　1 小匙
橄欖油　1 大匙
乾辣椒　1 根
鹽　1g
花椒粉　少許
醬油　1 小匙

作法

1 馬鈴薯去皮切長條、蘆筍去除粗硬纖維後切段，香菇去蒂後切片（依蘆筍的粗度作為寬度依據）。馬鈴薯先用冷水洗去多餘澱粉（這樣炒起來會比較脆）。

2 鍋內放橄欖油及花椒，小火煸至花椒冒出香氣並且變成褐色後即可關火；接著將花椒撈除。

3 用剩下的花椒油，將入切成圈的乾辣椒、鹽、醬油、馬鈴薯、蘆筍及香菇一起以中火翻炒三分鐘即可起鍋；盛盤上桌前可以再撒點花椒粉增添香氣。

＊乾辣椒選用二荊條為佳。

糖醋西瓜皮

食材
西瓜皮　200g
辣椒　1 根
薄荷葉　1 小株

調味料
鹽　1 小匙
白醋　1/2 大匙
糖　1/2 大匙
香油　1 小匙

作法

1 西瓜皮洗淨後切除外層的綠皮，再切成長條狀（略帶薄薄的紅色果肉會更好看，而且還能保留一些西瓜香甜氣味）；加入 1 小匙鹽抓醃 30 分鐘。

2 再用飲用水沖洗掉多餘的鹽分並且瀝乾。

3 辣椒去籽切細絲；與脫水後的西瓜皮、糖、醋和香油拌勻，放入冰箱內冰鎮一下會更加美味。

拌拌菜

漬物

味噌溏心蛋

食材
雞蛋　6 顆

調味料
白味噌　3 大匙
白醋　60ml
味醂　2 大匙
熱水　1 大匙

作法

1 煮一鍋滾水放入退冰成常溫的蛋,用湯勺在鍋中畫圈讓蛋黃凝固時能較為置中。

2 計時 6 分 30 秒;撈出後置於冷水至少 30 分鐘;降溫後再剝除蛋殼。

3 將剝好的蛋與混和好的調味料一起放進食品專用夾鏈袋中醃製一天。

4 切開後即可食用;或是將蛋捏碎後稍微用烤箱烘烤 10 分鐘作為沙拉或豆腐的 topping 都很美味。

雙色蘿蔔漬

食材
紅蘿蔔　50g
白蘿蔔　50g

調味料
白醋　3 大匙
檸檬汁　1 大匙
糖　3 大匙
鹽　1g
飲用水　50ml

作法

1 將白蘿蔔與胡蘿蔔都去皮後,用蔬菜壓模器壓出喜歡的造型。

2 把糖、醋、水、鹽全放入小鍋中,用小火煮至糖與鹽都融化;取一容器將醃汁與紅、白蘿蔔還有檸檬汁都放入;蓋上蓋子,於冰箱醃製一晚即完成。

酸辣醋醃白菜

食材

白菜　100g

調味料

鹽　2g

白醋　1 大匙

糖　1 大匙

香油　1 小匙

辣椒　1 小根（切圈）

檸檬汁　1 大匙

作法

1 先將白菜切絲後與鹽（白菜重的 2%）一起放進食品夾鏈袋中揉搓均勻；把空氣擠掉後封緊；以重物壓住約一小時。

2 一小時後將鹽漬白菜所出的水分擰乾；拌入白醋、糖、香油、辣椒和檸檬汁混和均勻即完成。

白酒醋櫻桃蘿蔔

食材

櫻桃蘿蔔　50g

薄荷葉　1 小株

調味料

鹽　1/2 小匙

味醂　2 大匙

白酒醋　2 大匙

作法

1 將櫻桃蘿蔔切成 0.1 公分的薄片後，與所有調味料一起攪拌均勻，再放進冰箱醃漬過夜即可。

2 上桌前點綴一小株薄荷葉更顯清涼。

漬物

柚子蜂蜜番茄漬

食材

彩色小番茄　10 顆

薄荷葉　1 小株

調味料

蜂蜜　1 大匙

柚子醬　1 小匙

白酒醋　2 大匙

作法

1 將番茄底部劃十字後，放入滾水中汆燙、去皮。

2 再將所有的調味料與去皮小番茄混和均勻；放進冰箱醃漬過夜即可。

酸甜蓮藕漬

食材
蓮藕　0.5～1 節（約 150g）
辣椒　1 根

汆燙蓮藕
鹽　1/2 小匙
白醋　1 小匙

蓮藕醃汁
鹽　1g
白醋　2 大匙
糖　1 大匙
水　1 大匙

作法
1. 蓮藕削皮，切成厚度約 0.5cm 的半月型片狀；辣椒去籽切圈。
2. 起一鍋滾水放入 1/2 小匙鹽、1 小匙醋（幫助定色）；將蓮藕放入水中汆燙 3 分鐘。起鍋後放入冰水中降溫 20 秒再瀝乾會更加爽脆。
3. 最後將醃漬蓮藕的調味料與蓮藕片、辣椒攪拌均勻，放置至少一小時使之入味即完成。

百香果漬南瓜

食材
南瓜　100g
百香果　1 顆

調味料
醃南瓜：
鹽　1 小匙

白醋　2 大匙
鹽　1/2 小匙
糖　3 大匙

作法
1. 南瓜去皮去籽後切成 0.2 公分的薄片；接著用一小匙鹽抓醃 30 分鐘去青；去除多餘水分讓南瓜口感更爽脆，並稍微用飲用水沖洗多餘鹽分。
2. 將百香果肉挖出後與醋、糖、鹽混合均勻，再和南瓜片一起攪拌；送入冰箱醃漬過夜即可。

甜橙蔬菜一夜漬

食材

茂谷柑　1 顆
甜椒　50g
高麗菜絲　50g

調味料

白酒醋　2 大匙
蜂蜜　2 大匙
鹽　1g

作法

1 高麗菜切絲後用 1g 的鹽醃漬；2 小時後將高麗菜所出的水分擰乾。

2 接著將甜椒去籽後也切絲；茂谷柑則是去皮去籽只留果肉並切成小塊。

3 將白酒醋與蜂蜜混和後，淋在所有食材上再攪拌均勻；送入冰箱醃漬過夜即可。

油醋甜椒漬

食材

甜椒　150g

調味料

橄欖油　1 大匙
巴薩米克醋　1 大匙
檸檬汁　1 大匙
鹽　1g

作法

1 將甜椒對半切後去籽；放入以攝氏 200 度預熱完成的烤箱中加熱 25～30 分鐘（甜椒越靠近熱源越好），直至甜椒表皮略帶焦黑，靜置放涼後剝除外皮。

2 將剝去外皮的甜椒切絲後拌入所有調味料醃漬至少一小時即完成。

漬物

味噌黃瓜漬

食材

小黃瓜　2 根
辣椒絲（飾頂）

調味料

白味噌　1 大匙
白醋　1 大匙
味醂　1 大匙

作法

1 將小黃瓜切成 3～4 段，放冷凍冰 2 小時（如此一來，小黃瓜內部的結構會改變，變得容易入味），從冰箱拿出來後用刀背敲碎成破裂長條狀。

2 接著拌入所有調味料後放進冰箱醃漬過夜即可。

3 上桌前可加點辣椒絲飾頂。

沙拉

油醋番茄毛豆沙拉

食材
小番茄　10 顆
即食毛豆仁　30g

調味料
巴薩米克醋　1 大匙
橄欖油　1 大匙
鹽　少許
研磨黑胡椒　少許

作法
將小番茄對半切後和毛豆仁一起拌入所有的調味料即完成。

柚子醋高麗菜沙拉

食材
高麗菜　1/4 顆
（約200g）

調味料
柚子醋　1 大匙
飲用水　2 大匙
橄欖油　1 小匙
白芝麻　少許

作法
1. 高麗菜以手撕或刀切成片狀。
2. 將橄欖油均勻塗抹在鍋中，放入高麗菜葉和飲用水，加蓋燜煮至菜葉變軟。
3. 起鍋前拌入柚子醋；盛盤後再撒點白芝麻即可上桌。

南瓜核桃沙拉

食材
栗子南瓜　半顆
（約200g）
核桃　5 ～ 6 顆
薄荷葉　1 小株

調味料
巴薩米克醋
1/2 大匙
鹽　依個人口味酌量添加

作法
1. 栗子南瓜去皮去籽後以 600W 微波 3 分鐘或用蒸的方式使之變熟變軟。
2. 接著將熟軟的南瓜壓成泥，再與核桃混和塑型成球狀。
3. 享用前淋上巴薩米克醋、點綴薄荷葉即可。

蘋果高麗菜沙拉

食材
蘋果　50g
高麗菜　50g
薄荷葉　1 小株

調味料
巴薩米克醋　1 大匙
無糖優格　1 大匙
檸檬汁　20g

作法
1　將高麗菜與蘋果切絲，淋上檸檬汁及巴薩米克醋後攪拌均勻。
2　盛盤後澆上一大匙優格並且點上薄荷葉置頂裝飾即可。

優格小黃瓜

食材
小黃瓜　1 條

調味料
優格　1 大匙　　　鹽　1g
橄欖油　1 小匙　　胡椒　少許
檸檬汁　1/4 顆量　巴西利末　少許
蜂蜜　1 大匙

作法
1　先將小黃瓜切成 0.1 公分寬左右的圓薄片。
2　接著用一小匙鹽抓醃 30 分鐘去青；去除多餘水分並稍微用飲用水沖洗多餘鹽分。
3　與優格、蜂蜜、檸檬汁和橄欖油均勻混和後再撒上一點巴西利末；放進冰箱清涼享用會更加美味。

經典雞蛋沙拉

食材
水煮蛋　3 顆
酸黃瓜丁　2 小匙

調味料
日式美乃滋　2 大匙（若是使用台式美乃滋建議再加點胡椒鹽）
研磨黑胡椒粒　少許

作法
將將水煮蛋 2 顆（水滾後放入常溫蛋煮八分鐘）、酸黃瓜丁與所有調味料一起放進食品用塑膠袋裡；用手捏碎、揉勻後再塑型成球狀即可盛盤上桌。

香芋蘋果沙拉

食材

芋頭丁　50g
蘋果丁　50g（約小型蘋果0.5顆）
甜椒丁　50g（約1顆）
檸檬　1/2顆（一半切片飾頂；一半擠汁待用）
堅果碎　1大匙
薄荷葉　1小株

調味料

美乃滋　2大匙
辣椒香料粉　1小匙
胡椒粉　1/2小匙

作法

1 將芋頭去皮切丁後蒸熟（大火約8～10分鐘；務必水滾後才放入）；蘋果切丁泡鹽水避免變色；甜椒切丁後則是泡冰水使口感更佳爽脆。

2 將所有調味料混和均勻後，與芋頭、蘋果及甜椒丁一起攪拌，再點綴些檸檬片、薄荷葉和堅果碎即可。

＊如果是喜歡鬆桑口感的人請選用五爪蘋果；而喜歡青脆口感的則建議選用富士蘋果。

＊堅果碎可用調理機打碎後使用。

番茄洋蔥牛肉片沙拉

食材

牛番茄　1顆
洋蔥　半顆（白／紫洋蔥為佳）
牛梅花片　150g
羅勒　1小株

調味料

牛肉醃料
鹽麴　1大匙（馬告鹽麴為佳）
沙拉醬汁
鹽麴　1大匙（馬告鹽麴為佳）
白醋　1大匙
味醂　1大匙
蜂蜜　1小匙

作法

1 使用鹽麴將牛肉醃製一下；等待的同時可以先將番茄切薄片、洋蔥切絲泡冰水；沙拉醬汁的調味料混和均勻。

2 熱鍋放入橄欖油及醃製完成的牛肉，使用中火將牛肉炒熟。

3 再將所有處理好的食材混和均勻後盛盤、淋上醬汁，點綴上羅勒即可。

馬茲瑞拉四季豆捲

食材

蘆筍　4 根
胡蘿蔔　半根
馬茲瑞拉起司片
1 片（可以做 2 捲）
四季豆　4 根
蔥　2 支（亦可使用
水蓮或韭菜）

調味料

鹽　1/2 小匙
白醋　1 小匙
橄欖油　1 小匙
鹽　1g
胡椒　少許

作法

1 四季豆從蒂頭撕下粗硬纖維後對半切開，蘆筍削去底部的粗硬纖維，並切成與四季豆差不多長度的小段；胡蘿蔔削皮後也切成同樣尺寸的長條；起司片對折後切成兩條長條。

2 起一鍋滾水放入 1/2 小匙鹽、1小匙醋（幫助定色）和 1 小匙油、將四季豆、蘆筍及胡蘿蔔放入水中汆燙 3 分鐘。起鍋後放入冰水中降溫 20 秒再瀝乾會更加爽脆。

3 再用剩下的熱水將蔥汆燙 20 秒即可撈起待用。

4 將四季豆、蘆筍、胡蘿蔔及起司條互相錯色堆疊成柱狀，再用蔥綑綁固定，撒上胡椒粉就完成了。

塔塔醬四季豆沙拉

食材

水煮蛋　2 顆
四季豆　50g
洋蔥末　1 大匙
酸黃瓜丁　1 小匙

四季豆調味料

鹽　1/2 小匙
白醋　1 小匙
橄欖油　1 小匙

塔塔醬調味料

日式美乃滋　2 大匙（若是使用台式美乃滋建議再加點胡椒鹽）
芥末籽醬　1 大匙
鹽　1g
檸檬汁　1 小匙
橄欖油　1 小匙

作法

1 起一鍋滾水放入 1/2 小匙鹽、1小匙醋（幫助定色）和 1 小匙油、將去蒂頭且去除豆莢纖維絲的四季豆對半切後放入水中汆燙 3 分鐘。起鍋後放入冰水中降溫 20 秒再瀝乾會更加爽脆。

2 將水煮蛋 2 顆（水滾後放入常溫蛋煮八分鐘）與美乃滋、芥末籽醬、洋蔥末、酸黃瓜丁、檸檬汁、鹽及一小匙橄欖油全部放進食品用塑膠袋裡用手捏碎、揉勻；在袋角剪顆小洞，擠在四季豆上即完成。

快煮

檸香杏鮑菇

食材
杏鮑菇　2 根
檸檬　1/2 顆

調味料
橄欖油　2 小匙
鹽　少許
柚子醋　1 大匙

作法
1 先將杏鮑菇 1 根切成 3～4 片厚片（或是精緻點可切成段狀，類似鮮干貝大小亦可；並在杏鮑菇的橫切面上用刀劃出網格狀）。
2 鍋內放油，將杏鮑菇煎至兩面金黃；起鍋前淋上柚子醋、再撒少許鹽調味。
3 享用前擠上檸檬汁，並且可以刨點檸檬皮增添香氣。

醬燒地瓜

食材
金時地瓜　2 條
黑芝麻粒　1 小匙

調味料
味醂　3 大匙
醬油　1.5 大匙
飲用水　250ml

作法
1 地瓜洗淨後切成厚度約 1cm 的圓塊；泡入水中 5 分鐘預防切口變色。
2 泡好的地瓜與 250ml 的飲用水一起入鍋煮滾；加入味醂，再加蓋以小火燜煮 5 分鐘。
3 接著放入醬油繼續燜煮 5～10 分鐘；直至地瓜變軟（可用筷子試試是否可直接穿透）。
4 地瓜連同醬汁稍微冷卻後直接放進冰箱靜置一夜會更加美味。
5 上桌前可以撒點黑芝麻點綴。

南瓜甘味煮

食材
栗子或白金南瓜　1顆（約350g）
白芝麻粒　1小匙

調味料
味醂　1大匙
醬油　1大匙
椰糖　10g
飲用水　250ml

作法
1 將南瓜洗淨後切開去籽，再切成月牙狀。以600W微波3分鐘或用蒸的方式使之變熟變軟。
2 接著把南瓜與所有調味料和250ml的飲用水一起下鍋用中火煮滾；接著轉小火加蓋燜煮10～15分鐘。
3 上桌前可以撒點白芝麻點綴。

雞茸鴻喜菇

食材
雞胸肉　1片
鴻喜菇　半袋

調味料
醬油　1小匙
味醂　1小匙
清酒　1小匙
橄欖油　1小匙

作法
1 先將雞胸肉以調理機攪打或是刀切成雞絞肉；鴻喜菇剝散成小朵。
2 雞絞肉先炒至表面熟色後，加入鴻喜菇和所有的調味料一起入鍋以中火翻炒；直至醬汁大致收乾即可盛盤上桌。

快煮

韭菜煎蛋

食材
韭菜　5根
雞蛋　2顆

調味料
橄欖油　2小匙
鹽　少許
醬油　1小匙

作法
1 韭菜切成韭菜花；雞蛋與鹽還有醬油均勻打散。
2 將2小匙橄欖油均勻塗抹在鍋中，倒入攪拌均勻的蛋液；再將韭菜花均勻撒上。
3 小火慢煎至兩面呈現漂亮的金黃色；即可切成八等份；盛盤上桌。

香煎醋蓮藕

食材
蓮藕　0.5～1 節
（約 150g）
洋蔥　10g
蒜末　1 瓣
薑末　5g
辣椒　4cm

調味料
醬油　1/2 大匙
烏醋　1/2 大匙
味醂　1/2 大匙
橄欖油　1 小匙

作法
1 蓮藕去皮切成 0.5cm 厚的圓片。
2 開小火，用 1 小匙油將洋蔥、蒜、辣椒和薑煸出香氣。
3 接著放入蓮藕片，以中火拌炒成金黃色後淋上所有調味料及一大匙熱水，再次翻炒至水分收乾、蓮藕上色即可。

絲瓜鑲豆腐

食材
絲瓜　100g
板豆腐　80g
韓式泡菜　20g
蔥絲　1 大匙

調味料
鹽　1g

作法
1 絲瓜削皮切成 100g 左右的大圓塊，中間用湯匙挖一個不穿底的小洞。
2 將板豆腐壓碎後加鹽，並與泡菜混和均勻後填入絲瓜內。
3 將絲瓜盅以大火蒸 10 分鐘左右即完成（水滾後才放入）。

蒜煎蘆筍

食材
蘆筍　4 根
蒜　1 瓣切片

調味料
橄欖油　2 小匙
飲用水　2 小匙
鹽　少許

作法
1 蒜瓣切片、蘆筍削去底部的粗硬纖維（亦可切成小段）。
2 蒜片拭乾水分後，與橄欖油一起入鍋；用小火將蒜片煸至金黃香脆後夾出待用。
3 （切段的）蘆筍放入剛剛煸蒜片的鍋中；加蓋、用剩下的蒜油以小火將蘆筍燜煎 2 分鐘；讓蘆筍呈現微微亮綠／亮白色後即可熄火。
4 將剛煸好的蒜片直接撒在蘆筍上一起盛盤上桌。

番茄皇帝豆

食材

番茄　100g
皇帝豆　100g
紅蔥頭　20g
蒜末　10g
義式香料碎　少許

調味料

鹽　1g

作法

1 將番茄底部劃十字後，放入滾水中汆燙、去皮；再用料理剪刀剪碎。

2 燙番茄的水不要倒掉，直接將皇帝豆放入汆燙 3 分鐘。

3 先用一小匙油、開小火將紅蔥頭及蒜末炒出香氣，接著加入番茄碎，將水分炒至半乾；再放入皇帝豆，翻炒均勻；最後加入鹽調味即可。

4 盛盤後撒上義式香料增添香氣，也讓顏色更好看。

木耳空心菜

食材

空心菜　100g
黑木耳絲　1 片量
薑絲　1 片量
蒜末　1 粒量
枸杞　1 小把（10 粒左右，以溫水泡 10 分鐘左右）

調味料

味醂　1 小匙
橄欖油　1 小匙
香油　4～5 滴
鹽　1g

作法

1 鍋中放 1 小匙油，煸香蒜末與薑絲；接著再下空心菜梗，以中火拌炒 30 秒後，放入木耳絲繼續翻炒 30 秒。最後再放入空心菜葉、味醂和鹽，拌炒 30 秒鐘即可熄火。

2 起鍋前撒上以溫水泡過的枸杞及香油便完成。

簡易
快手湯品

20 道撫慰疲憊的
溫暖湯品

**養好胃味噌湯 / 清爽蔬菜湯 / 媽媽味家常湯 /
幸福濃湯**

熱熱的湯喝下後，連胃都能得到放鬆；湯可以是
最棒的副菜；但也能作為一個人生活時強而有力
的夥伴！總有忙到沒辦法準備多道料理的時候；
這時直接將食材增量，湯就能變身成為營養均衡
的主菜囉！這 20 道湯品提供給喜歡喝湯的你。

養好胃味噌湯

雞茸金針菇味噌湯

食材
雞里肌　100g
金針菇　200g
高湯　450ml
熱水　150ml

調味料
白味噌　2 大匙
胡椒粉　少許
鹽　1/2 小匙
＊湯的鹹淡可依個人口味適量添加鹽

作法
1 雞里肌去筋，與 1/2 小匙鹽和少許胡椒粉一起剁碎／用調理機打成絞肉。
2 開中火，用一小匙油將雞絞肉以切拌的方式炒成一粒粒略帶金黃色的雞茸。
3 金針菇撕成一絲絲，與雞茸一起放入高湯內煮沸。
4 沸騰後熄火；將味噌溶入熱水中再加進煮好的湯中；接著依個人口味酌量加鹽、盛入碗內後再撒上胡椒粉即可。

洋蔥蘿蔔豬肉味噌湯

食材
豬梅花火鍋肉片　150g
白蘿蔔　5cm
胡蘿蔔　5cm
蔥花　1 支量
高湯　450ml
熱水　150ml

調味料
白味噌　2 大匙
味醂　1 大匙
太白粉　2 小匙
＊湯的鹹淡可依個人口味適量添加鹽。

作法
1 將豬肉片拍上薄薄的太白粉（可避免下鍋後煮出過多的雜質及油脂），放入滾水中先燙熟後撈起。
2 白蘿蔔和胡蘿蔔削皮後，切成半月形塊狀；放入高湯內以中火加熱至沸騰，再轉小火加蓋多煮十分鐘。
3 接著將燙好的肉片和一大匙味醂一起放入鍋中，再煮五分鐘直至蘿蔔熟透。
4 將味噌溶入熱水中，再加進煮好的湯裡；接著依個人口味酌量加鹽、盛入碗內後再撒上蔥花即可。

油豆腐胡蘿蔔菇菇味噌湯

食材
油豆腐　100g（約1塊）
胡蘿蔔　50g
鴻喜菇　50g
蔥花　1支
雞高湯　450ml
熱水　150ml

調味料
白味噌　2大匙
花椒粉　少許
＊湯的鹹淡可依
　個人口味適量
　添加鹽

作法
1 胡蘿蔔切絲、油豆腐切成1公分寬左右的
　長條；鴻喜菇剝散、蔥切花。
2 將油豆腐、胡蘿蔔、鴻喜菇和高湯一起放
　入鍋內以中火加熱煮滾。
3 煮滾後熄火，將味噌溶入熱水中再加進煮
　好的湯裡；接著依個人口味酌量加鹽、盛
　入碗內後再撒上花椒粉即可。

白菜雞肉豆乳味噌湯

食材
去骨雞腿排　1片（約150g）
白菜　2～3片
雞高湯　450ml
無糖豆漿　150ml
柴魚片　1大匙

調味料
白味噌　2大匙

＊湯的鹹淡可依個人口味適量添加鹽。

作法
1 腿排切成一口大小、白菜切成3公分的細長條後
　和高湯一起放入鍋中以中火燉煮。
2 雞腿肉煮熟後取兩大匙將味噌溶解後加入湯鍋
　中；接著轉小火再加入豆漿煮至鍋的邊緣冒小泡
　泡即可熄火，最後依個人口味酌量加鹽。
3 上桌前再撒點柴魚片即可。

養好胃
味噌湯

茄子南瓜味噌湯

食材
茄子　1/2條
南瓜　80g
洋蔥　1/4顆
雞高湯　450ml
熱水　150ml

調味料
白味噌　2大匙

＊湯的鹹淡可依個人口味適量添加鹽。

作法
1 南瓜去籽去皮後與茄子還有洋蔥一起切成小丁；
　接著和高湯一起放入鍋中以小火燉煮。
2 將蔬菜煮軟後，把味噌溶入熱水中，再加進煮好
　的湯裡。
3 起鍋前再依個人口味酌量加鹽。

清爽
蔬菜湯

鮭魚蘿蔔湯

食材
輪切鮭魚　1 片
薑片　3～4 片
蔥絲　1 支量
白蘿蔔　150g
水　400ml

調味料
米酒　1 大匙
＊湯的鹹淡可依個人口味適量添加鹽。

作法
1 先將鮭魚去骨、切成一口大小；不用油,直接放入鍋中以小火乾煎上色。
2 白蘿蔔去皮並切成扇片形狀；和鮭魚塊、米酒及薑片一起放入鍋中。
3 加入 400ml 的飲用水,先以中火煮沸後再轉小火加蓋燜 15 分鐘即可熄火;最後依個人口味酌量加鹽(約 1g)即完成。

山藥黃瓜排骨湯

食材
山藥　100g
大黃瓜　100g
排骨　150g
蘿蔔乾　1 條約 20g（用水將粗鹽沖洗乾淨）

調味料
米酒　1 大匙
＊湯的鹹淡可依個人口味適量添加鹽。

作法
1 大黃瓜先削皮,再將中間的籽用湯匙挖空;山藥也去皮(處理山藥時記得戴手套不然會刺癢),一起切成 1/4 扇形塊狀。
2 起一鍋冷水放入排骨煮至沸騰;煮出雜質後撈起待用。
3 取另一鍋,放入所有食材及米酒,並加入淹過食材的飲用水以中火煮滾。
4 撈除浮沫後轉小火,蓋上鍋蓋燜煮 20 分鐘;熄火;再依個人口味酌量加鹽即可。

柚香菌菇清湯

食材
鴻喜菇　50g
白玉菇　50g
蘑菇　6朵
豬軟骨　100g
高湯　450ml

調味料
柚子醋　1大匙

＊湯的鹹淡可依個人口味適量添加鹽。

作法
1 起一鍋冷水放入豬軟骨煮滾，汆燙去雜質後撈起待用。
2 將鴻喜菇及白玉菇剝散、蘑菇切片後，與汆燙後的豬軟骨和高湯一起以中火煮沸。
3 煮沸後轉小火、加入調味料後加蓋燜20分鐘；最後依個人口味酌量加鹽即可熄火。

蛤蜊高麗菜咖哩湯

食材
高麗菜　100g
蛤蜊　300g
薑　5片
昆布　5g

調味料
米酒　30g
咖哩粉　1大匙

＊湯的鹹淡可依個人口味適量添加鹽。

作法
1 高麗菜切成1公分寬的長條狀與昆布一起入鍋，以小火燉煮15分鐘成為湯底。
2 接著放入咖哩粉、米酒及薑片一起煮滾後；放入吐沙洗淨的蛤蜊；燙至蛤蜊開口，再依個人口味酌量加鹽。

櫻花蝦豆腐白菜湯

食材
白菜葉　100g
白菜梗　100g
嫩豆腐　300g（1盒）
櫻花蝦　5g
昆布　5g

調味料

＊湯的鹹淡可依個人口味適量添加鹽。

作法
1 白菜梗切成1公分寬的長條狀與昆布一起入鍋以小火燉煮15分鐘成為湯底。
2 等待的同時，將菜葉切小片、豆腐切小丁。
3 湯底熬好後，加入櫻花蝦、菜葉和豆腐再煮10分鐘。
4 起鍋後依個人口味酌量加鹽。

媽媽味
家常湯

番茄玉米排骨湯

食材
番茄　2 顆
玉米　1 支
豬軟骨　200g
洋蔥　1 顆

調味料
＊湯的鹹淡可依個人口味適量添加鹽。

作法
1 先將番茄底部劃十字，入滾水汆燙後去皮切成四等份。
2 另起一鍋冷水放入排骨煮至沸騰，煮出雜質後撈起待用。
3 洋蔥切小塊、玉米切成四等份，連同其他食材一起下鍋；加入蓋過食材的飲用水，中火煮滾後轉小火加蓋燜 30 分鐘；再依個人口味酌量加鹽即完成。

金針花肉片湯

食材
乾燥金針花　15g
豬梅花火鍋肉片　150g
薑絲　1 片量
雞高湯　450ml

調味料
香油　1 小匙
米酒　1 大匙
太白粉　2 小匙
＊湯的鹹淡可依個人口味適量添加鹽。

作法
1 先將乾燥金針花以溫熱水浸泡 30 分鐘後瀝乾待用。
2 豬肉片以米酒抓醃後拍上薄薄的太白粉（可避免下鍋後煮出過多的雜質及油脂），放入滾水中燙熟後撈起。
3 接著將豬肉、薑絲和瀝乾的金針花一起加入高湯中；以中火煮滾後再蓋上鍋蓋以小火燜煮 10 分鐘。
4 起鍋前淋上香油，再依個人口味酌量加鹽即可。

什錦菇菇蛋花湯

食材
鴻喜菇　50g
白玉菇　50g
雞蛋　1 顆
高湯　450ml
蔥　1 根切絲

調味料
醬油　1 大匙
＊湯的鹹淡可依個人口味適量添加鹽。

作法
1 將鴻喜菇及白玉菇剝散後和高湯一起煮沸。
2 煮沸後將湯攪拌一下再以畫圈的方式倒入打散的蛋液。
3 待蛋花浮上來即可熄火；淋上醬油攪拌一下，最後依個人口味酌量加鹽。
4 上桌前點綴一些蔥絲會更加美味。

絲瓜蛤蜊湯

食材
絲瓜　200g
蛤蜊　10 ～ 15 顆
米酒　30g
薑　5 片

調味料
＊湯的鹹淡可依個人口味適量添加鹽。

作法
1 絲瓜洗淨去皮，切成扇形小塊狀。
2 鍋內下油、放入絲瓜塊翻炒 1 分鐘。
3 另起一鍋水煮至沸騰後，放入翻炒過的絲瓜；待水再次煮滾，就能放入吐沙洗淨後的蛤蜊、薑片和米酒，一起煮至蛤蜊開口；最後依個人口味酌量加鹽即可。

鯛魚豆腐湯

食材
鯛魚片　150g
嫩豆腐　300g（1盒）
薑絲　1 片量
蔥花　1 支量
高湯　450ml

調味料
米酒　1 大匙
香油　1 小匙
＊湯的鹹淡可依個人口味適量添加鹽。

作法
1 鯛魚片切成一口大小，以鹽及米酒抓醃 10 分鐘。
2 嫩豆腐切小塊，與鯛魚片、薑絲一起放入高湯內以中火煮滾；接著轉小火再煮十分鐘。
3 起鍋前淋上香油、撒上蔥花，最後依個人口味酌量加鹽。

幸福濃湯

松露菌菇濃湯

食材
鴻喜菇　100g
蘑菇　100g
洋蔥　50g
雞高湯　300ml
牛奶　300ml

調味料
松露醬　2大匙
奶油　10g

＊湯的鹹淡可依個人口味適量添加鹽。

作法
1 將鴻喜菇剝散、蘑菇切片後放入鍋中乾煸至縮水並散發香氣；接著加入洋蔥碎以奶油拌炒至洋蔥呈金黃色。
2 炒好的食材與高湯還有松露醬一起用小火煮15分鐘後先行熄火；接著倒入牛奶與鹽後用調理棒／機打成濃湯狀，再次開小火煮到鍋邊冒小泡即可熄火上桌。

烤南瓜胡蘿蔔濃湯

食材
南瓜　150g
胡蘿蔔　80g
牛奶／豆漿　300ml
椰奶　200ml
洋蔥　1/4顆（約70g）

調味料
咖哩粉　1大匙

＊湯的鹹淡可依個人口味適量添加鹽。

作法
1 將南瓜及胡蘿蔔先行切片後拌入一大匙橄欖油；以攝氏220度烤20分鐘（烤箱需先預熱）。
2 起一鍋將切碎的洋蔥用一小匙油炒香；接著加入椰奶（留一大匙待用）、咖哩粉和烤好的南瓜及胡蘿蔔；用調理棒／機攪打成濃稠狀。
3 先將濃湯以小火煮滾後，再倒入牛奶／豆漿；煮至鍋邊冒小泡泡即可熄火。
4 上桌前依個人口味酌量加鹽，並且於湯上滴上幾滴椰奶，用牙籤勾畫出花紋即可（像連連看一般畫圓）。

毛豆豆乳濃湯

食材
毛豆　150g
洋蔥末　50g
雞高湯　150ml
無糖豆漿　150ml
牛乳　150ml
乳酪絲　10g

調味料
＊湯的鹹淡可依個人口味適量添加鹽。

作法
1 先用小火將洋蔥末炒至金黃。
2 再將毛豆、洋蔥和高湯全入小鍋，用調理棒打勻攪拌成淡綠色液狀。
3 開小火煮滾後加入乳酪絲、倒入豆漿和牛乳；煮至鍋邊冒小泡即熄火，最後依個人口味酌量加鹽、攪拌均勻即可。

番茄玉米濃湯

食材
牛番茄　1顆（約100g）
玉米粒　200g
雞高湯　250ml
牛奶　250ml

調味料
奶油　10g
＊湯的鹹淡可依個人口味適量添加鹽。

作法
1 番茄底部劃十字後，放入滾水中汆燙、去皮，再切成小丁。
2 將番茄碎丁與奶油及鹽一起放入鍋中，以小火拌炒至水分大致收乾；接著放入玉米粒繼續翻炒出香氣後，倒入高湯煮沸。
3 湯滾後倒入牛奶稍微冷卻，使用調理棒／機攪打成綿密濃湯狀；再次加熱至鍋邊冒小泡泡即可熄火；最後依個人口味酌量加鹽。

幸福濃湯

烤地瓜洋蔥濃湯

食材
地瓜　300g
洋蔥　100g（切丁）
雞高湯　250ml
牛奶　250ml
大蒜　2瓣（切末）

調味料
＊湯的鹹淡可依個人口味適量添加鹽。

作法
1 地瓜洗淨後烤熟（以攝氏200度烤25分鐘），再去皮壓成泥。
2 鍋中放入一大匙橄欖油，將大蒜末與洋蔥丁以小火炒至金黃。
3 接著將地瓜、高湯及牛奶加入鍋中，再以調理棒打至湯呈綿密濃稠狀；開小火煮至鍋邊冒泡即可熄火。
4 最後依個人口味酌量加鹽。

Spring
春季餐桌

我和春天有個約會－萬物復甦的季節，
快到市場尋寶吧！

春季週間餐桌計畫

春季	Day1	Day2	Day3	Day4	Day5
早餐	水波蛋蘆筍沙拉 	菠菜起司烘蛋 	西班牙厚蛋燒 	北非小米藜麥沙拉 	干貝橘瓣沙拉
中餐 （便當）	咖哩優格嫩雞 芥末籽拌蘆筍 檸香杏鮑菇 	雞翅鑲彩蔬 柚子醋高麗菜沙拉 韭菜煎蛋 	甜豆胡蘿蔔豬梅花 椒麻拌三蔬 油醋番茄毛豆沙拉 	蜂蜜味噌豬 雞茸鴻喜菇 塔塔醬四季豆沙拉 	牛肉沙嗲 蒜煎蘆筍 馬茲瑞拉四季豆捲
晚餐 （定食）	雞翅鑲彩蔬 柚子醋高麗菜沙拉 韭菜煎蛋 鮭魚蘿蔔湯 	甜豆胡蘿蔔豬梅花 椒麻拌三蔬 油醋番茄毛豆沙拉 鮭魚蘿蔔湯 	無限彩椒丼 雞茸鴻喜菇 塔塔醬四季豆沙拉 番茄玉米排骨湯 	京醬翠菠捲 蒜煎蘆筍 馬茲瑞拉四季豆捲 番茄玉米排骨湯 	清酒韭菜蒸雞 雙色蘿蔔漬 優格小黃瓜 柚香菇菇清湯

春季	Day6	Day7	Day8	Day9	Day10
早餐	酸柚青蔥豬肉沙拉	香煎鮭魚佐甜菜根沙拉	雞蛋咕咕霍夫	鹽麴豬頸肉 PITA	雙色奇異果麥片果昔杯
中餐 （便當）	雞肉鮮蝦丸 檸香杏鮑菇 馬茲瑞拉四季豆捲	黃瓜鮮菇炒雞肉 韭菜煎蛋 蒜煎蘆筍	柚子醋蘆筍里肌捲 清拌高湯番茄 雞茸鴻喜菇	蒜辣薑蒸菇菇雞 麻油小黃瓜 柚子醋高麗菜沙拉	豆腐漢堡排 椒麻拌三蔬 油醋番茄毛豆沙拉
晚餐 （定食）	黃瓜鮮菇炒雞肉 韭菜煎蛋 蒜煎蘆筍 鯛魚豆腐湯 	柚子醋蘆筍里肌捲 清拌高湯番茄 雞茸鴻喜菇 鯛魚豆腐湯 	蒜辣薑蒸菇菇雞 麻油小黃瓜 柚子醋高麗菜沙拉 白菜雞肉豆乳味噌湯 	洋蔥韭菜豬肉捲 椒麻拌三蔬 油醋番茄毛豆沙拉 白菜雞肉豆乳味噌湯 	懷薑小黃瓜牛肉 清拌高湯番茄 香油芝麻小松菜 什錦菇菇蛋花湯

胖胖的水波蛋好療癒；
劃開的那瞬間，
黃色的蛋液流瀉出來；
映著鮮綠色的蘆筍，
我的藍色早晨彷彿也得到救贖。

水波蛋
蘆筍沙拉

春季早餐

讓一整天活力充沛

食材

蘆筍　5根
雞蛋　1顆
布里乳酪　30g
貝比生菜葉　20g
茂谷柑　1片
蔥　2支
帕馬森起司　少許

調味料

醋　2小匙
鹽　1/2小匙
橄欖油　1大匙
巴薩米克醋　2小匙
研磨黑胡椒粒　少許

作法

1 蘆筍削去底部的粗硬纖維，將超出鍋內直徑長度的尾部切下一小段。

2 將蘆筍放入鍋內，開中火，以一小匙橄欖油快速煎炒2分鐘。

3 煎至略帶焦黃斑紋即可起鍋；用稍微汆燙20秒的蔥葉綑綁起來待用。

4 接著準備一顆水波蛋；再將一片多汁的茂谷柑切成兩片半月型、柔軟的布里乳酪也從中一分為二。將所有食材交錯擺放於盤子上；最後淋上橄欖油及巴薩米克醋、刨點帕馬森起司，再撒點黑胡椒就完成了。

完美水波蛋做法 3 步驟

1 先將一顆新鮮雞蛋打入碗中，雞蛋若是不新鮮，失敗機率會提高。

2 準備一只湯鍋將水煮至冒細微泡泡後，加入2小匙的白醋和1/2小匙鹽，接著將水煮至大滾後關火。

＊加鹽及醋可以加快雞蛋凝結的速度，但必須在蛋加熱之前就放入，這樣雞蛋放入水中後蛋白就不易散開。

3 用筷子攪拌熱水，製造出一個漩渦，接著小心將雞蛋滑入水中，再次輕輕攪拌讓蛋也一起轉動，蛋白便會逐漸包圍蛋黃，慢慢成形，大約3分半鐘即可撈起、吸乾水分後盛盤就完成了。

TIPS

這道料理選用了跟食材顏色相近、沒有特殊花紋的簡單綠緣白盤；由於料理本身在盤中的線條律動已經夠精彩與搶眼；簡單的食器不會搶走料理的風采、也不會顯得過於複雜及突兀；如此一來便能讓畫面和諧又平衡。

早餐桌上絕對不能少的就是雞蛋了！如果再加上菠菜跟鮭魚怎麼樣？！
而且還放了溫柔的布里乳酪喔，一早鬧鐘都還沒來得及響，
我就迫不及待直奔廚房了！

春季早餐

菠菜起司烘蛋

食材

菠菜　100g
小番茄　10 顆
布里乳酪　50g
輪切鮭魚　半片
蒜瓣　3瓣
雞蛋　2顆

調味料
鹽　1/2小匙
橄欖油　1小匙
義式香料　少許
研磨黑胡椒粒　少許

作法

1　菠菜將根部去除後洗淨；並於莖的最底部用刀劃十字再放入滾水汆燙1分鐘，撈出後於冷開水裡浸泡20秒。

2　待菠菜大概降溫後，撈起擰乾水分，切成5公分左右的段狀；乳酪切成小塊、蒜瓣切成蒜片、小番茄則是對半切開。

3　鍋中放一小匙油，將切成一口大小的鮭魚塊煎至上色後撈起待用；再用鍋中剩餘的油將蒜片焗香、番茄炒軟。

4　取一個烤皿，將內部塗上薄薄一層橄欖油；依序放入所有食材。

5　最後加入義式香料、鹽和胡椒後打散的蛋液；放入以攝氏200度預熱完成的烤箱，烤20～25分鐘即完成。

TIPS

● 菠菜先汆燙過再和其他食材一起烹調就不會有澀口的感覺了！

● 選用了內裡帶點簡單線條的紅色烤皿，是為了與食材們相互呼應；同樣是屬於暖色系的器皿與料理，會讓人覺得即使是稍涼的春天早晨都願意被這道料理給暖醒。

用專屬於我一人份的小鐵鍋，烘出疼愛自己的溫暖早餐。
馬鈴薯和蛋吸收了培根的油脂和煙燻的氣味、再配合迷人的乳酪、
九層塔的香氣，簡直讓人欲罷不能！

西班牙厚蛋燒

春季早餐

食材

馬鈴薯　1顆
雞蛋　1顆
培根　50g
洋蔥　1/2顆
乳酪絲　25g
羅勒／九層塔葉
20g

調味料

紅椒粉　1/2小匙
鹽　1/2小匙
橄欖油　1小匙
研磨黑胡椒粒　少許

作法

1 將馬鈴薯去皮後，與培根、洋蔥一起切成小丁；雞蛋打散、羅勒葉也切碎待用。

2 接著取一個小鐵鍋，放入一小匙油將培根丁煸香，接著放入洋蔥丁炒至金黃；再把馬鈴薯丁放進去拌炒一下去生。

3 加入碎羅勒葉及乳酪絲後再淋上打散的蛋液和撒上紅椒粉。

4 開小火煎10分鐘後再翻面煎5分鐘即完成。

＊擺盤時記得要再次把厚蛋燒翻回正面，讓形狀貼合小鍋，整體會更好看。

TIPS

用小鐵鍋直接上桌會讓人有一種隨性自然的感覺；小鍋底下墊著有點童趣的彩色毛球隔熱墊、一旁還有西班牙的紅椒粉、線條迷人的花磚餐墊；讓氛圍更添幾筆活潑與異國情調的熱情。

帶著鮮甜海味和絕佳口感的干貝，與酸甜多汁的柑橘類水果簡直天生一對。
在這道沙拉中不僅能吃到新鮮甜橙，連醬汁也加入大量的果汁。
不同食材們碰撞出的多重美味絕對值得你一試！

干貝橘瓣沙拉

春季早餐

食材

干貝　4顆對半切
佛利蒙柑　1顆
乳酪絲　20g
貝比生菜葉　20g
干貝的調味料
鹽　1/2小匙
橄欖油　1大匙
研磨黑胡椒粒　少許
醬汁調味料
橄欖油　2小匙
巴薩米克醋　2小匙
柑橘汁　1/2顆量
檸檬汁　1/2顆量
鹽　1/2小匙
研磨胡椒粒　少許

作法

1. 將乳酪絲在烤紙上鋪成圓形，放進以攝氏220度預熱完成的烤箱內烤15分鐘成起司脆餅。
2. 柑橘果肉則是一瓣瓣切下來待用。
3. 把干貝對半切，抹上橄欖油後直接放到燒熱的烤盤／鍋中，用大火兩面各煎20秒。
4. 最後把干貝、貝比生菜葉和橘瓣一起裝盤，起司脆餅剝成對半飾頂，再淋上均勻攪拌後的醬汁即可。

■ 橘瓣處理步驟

1. 將刀貼平砧板，慢慢將橘皮沿著白膜切掉。
2. 接著把柑橘的兩端切除，輕輕用刀將瓣膜間的果肉切下即可。

TIPS

- 用起司做出 Tuile 能為沙拉製造出酥脆又鹹香的口感及味道，賦予沙拉更多的層次感。
- 將層層堆疊的沙拉食材放在可愛的烤盅內。偶爾跳脫沙拉就是要放在沙拉碗裡的墨守成規；讓人帶來不一樣的視覺驚喜。

帶有一點亞洲風味的柚香沙拉，讓早晨的胃可以被溫柔喚醒。
黏稠香甜的蔥段和軟中帶 Q 的豬梅花，
如果把蘿蔓生菜換成一碗可口的熱糙米飯好像也蠻合適的。

酸柚青蔥豬肉沙拉

食材

豬梅花肉片　150g
蔥　1把（4～5根）
蘿蔓生菜　1顆
綜合堅果　20g
檸檬　半顆切片

調味料

柚子醋　1大匙
檸檬汁　半顆量
橄欖油　1/2大匙
鹽　1g
太白粉　2大匙

作法

1 將蔥白切成4公分小段、蔥綠切成花。

2 蘿蔓生菜葉切成容易食用的大小，洗淨後待用。

3 將豬梅花撒上鹽、拍上薄薄的太白粉。

4 鍋內放入橄欖油，用中火將豬肉片炒至大概九分熟後再放入蔥白稍微翻炒一下出香氣。

5 在沙拉碗中放進蘿蔓生菜、豬肉片和蔥白後，淋上柚子醋和檸檬汁。

6 最後撒上蔥花及堅果並放上檸檬片裝飾即可。

TIPS

●檸檬從頭尾兩端各切下 1/4，這樣的厚度更能輕易擠出檸檬汁；剩下的中間段部分就能切下大小較為均一的檸檬薄片。

●檸檬片從圓心處往皮的方向切一刀就能將檸檬片轉成 8 字造型。

●木製大托盤上先舖上一張淡綠色條紋的方巾；再將沙拉放進外層鑲著木材質的白色沙拉碗裡。食材，白的、綠的、咖啡的；食器，白的、綠的、咖啡的；是不是食材與食器共同編織出一幅好看又舒服的畫面呢？

香煎鮭魚佐甜菜根沙拉

鮭魚煎得酥脆又可口；
再用煸出的鮭魚油把其他的食材也煎得香噴噴！
搭配上切成好看線條的甜菜根、小黃瓜和龍鬚菜，
淋上加了奇異果的甜菜根醬汁；
原來甜菜根的味道這麼美好：）

食材

即食甜菜根　1顆約50g
輪切鮭魚　半片切小塊
蘑菇　5顆切對半
龍鬚菜　50g切小段
小黃瓜　長條刨片1片

調味料
即食甜菜根　1顆約50g
奇異果　1顆
橄欖油　1/2大匙
鹽　1g
芥末籽醬　1小匙

作法

1 將一顆甜菜根用鋸齒刀切成長條狀；另一顆則是和奇異果一起攪打成泥。

2 將打好的甜菜根奇異果泥拌入橄欖油及鹽做為基底醬。

3 小黃瓜刨成長條片捲起來放在甜菜根奇異果泥中。

4 不放油，先將蘑菇的水分稍微煸乾、冒出香氣後撈出待用；切塊的鮭魚亦是直接入鍋煎至金黃酥脆後與芥末籽醬攪拌均勻。

5 用鮭魚煸出來的魚油再次半煎炸蘑菇到讓香氣更加濃郁。

6 剩下的魚油就用來將龍鬚菜拌炒至油亮。

7 最後將甜菜根、鮭魚、蘑菇還有龍鬚菜層層堆疊上去；再點綴上幾朵繡球石竹會更加美麗。

＊可以在大型美式超市買到真空包裝的貝比甜菜根。一顆單獨包裝的量只有 50 克，而且還能保存很久。重點是它沒有令人不悅的草腥味！

TIPS

試著將食材們改變既定的樣貌；小黃瓜不是一定要切條切片、甜菜根改成波浪紋長條怎麼樣？再用龍鬚菜的漂亮捲鬚點綴上去延伸出動態線條感；跳出框架，你的沙拉會跟別人的不一樣！

週間的合格早餐最好是簡單快速又營養豐富；能用家裡現有的存貨，
一次搞定就更完美了。雞蛋咕咕霍夫絕對符合期待，甚至還超標了；
因為它的顏值可是比普通早餐還要更高呢！

雞蛋咕咕霍夫

食材

紅椒	20g
黃椒	20g
火腿	20g
洋蔥	20g
菠菜	20g
切達乳酪	10g
馬茲瑞拉乳酪	10g
雞蛋	3顆

調味料

橄欖油	1/2大匙
鹽	1g
黑胡椒粉	少許

* 咕咕霍夫模具或其
　他類似模具　一只
* 塗抹烤盤的橄欖油
　1大匙

作法

1 紅椒、黃椒、洋蔥和火腿切小塊；乳酪切小條；
菠菜切碎備用。

2 鍋內放入1/2大匙的橄欖油，先下紅椒、黃椒和
洋蔥，將它們炒軟、上色；起鍋前撒點鹽和黑胡
椒粉調味。

3 在喜歡的模具內抹上橄欖油後，將炒好的餡料填
入模具內。

4 蛋液攪打均勻後倒入模具；用一根筷子稍微攪拌
一下，使蛋液分布的更平均，再撒上菠菜碎與乳
酪。

5 最後送入以攝氏190度預熱完成的烤箱中烤20分
鐘即可出爐。

TIPS

● 食譜裡的蔬菜如果不喜歡，可以換成其他可以接
受的食材；其實這道料理用來清冰箱也很合適。

● 如果沒有咕咕霍夫的模具也完全不是問題；用可
愛的小馬芬杯、或是直接將食材全放進一個烤皿
裡；一樣能做出同味不同型的美味！

本來就很美味的豬頸肉用鹽麴抓醃後，吃起來更嫩了！
配上煎過的櫛瓜，多汁又脆口；一口咬下還有無花果的香甜。
真後悔沒多準備一份當午餐（扼碗）。

鹽麴豬頸肉 PITA

食材

豬頸肉　150g
PITA　1片
無花果　1個
貝比生菜　20g
櫛瓜　半根
檸檬　數片
食用花　數朵
（可有可無）

調味料
鹽麴　1大匙
清酒　1大匙

作法

1 將松阪豬切片後以鹽麴和清酒抓醃10分鐘。

2 送入以攝氏200度預熱完成的烤箱中，烤10～15分鐘。

3 把PITA餅用烤箱或是平底鍋乾煎至邊緣微脆；再用食物剪將PITA剪成兩半。

4 櫛瓜用點橄欖油兩面煎上色；無花果及檸檬切成數片；再將食材們依序放入PITA內。

5 最後點綴幾朵食用花裝飾一下即可上桌。

＊因為在烙烤 PITA 餅皮時鍋中不會放油；如果擔心餅皮會沾鍋或是稍焦，可以在鍋中舖墊一張低於鍋沿的烘焙紙。

TIPS

將食材擺放於 PITA 內時要注意高低層次感，將食材們依身高排列後再依序放入；別忘了用一些生菜葉墊在最下面，才能讓上層的食材不會塌陷掉落。

一杓舀起能吃到酸甜可口的奇異果、吸滿豆香的柔軟燕麥片和 Q 彈的奇亞籽布丁。
多種層次及味道，絕對能滿足你挑剔的味蕾和品味。

雙色奇異果麥片果昔杯

食材

奇異果　2顆
無花果　1顆
大燕麥片　30g
無糖豆漿　200ml
奇亞籽　1大匙
食用花　可略

調味料
蜂蜜　2小匙

作法

1 將奇異果一顆切成薄片、另一顆切小丁；無花果亦是切片待用。

2 準備一個透明玻璃杯，將奇異果薄片黏貼排列在杯壁上；接著將大燕麥與已拌入一小匙蜂蜜的100ml無糖豆漿倒入，大概倒至跟奇異果等高的位置；即可送入冰箱泡隔夜。

3 拿另一個容器放入一大匙奇亞籽，一樣倒入拌了一小匙蜂蜜的無糖豆漿（約100ml）；亦是送入冰箱讓奇亞籽發脹。

4 隔天早上把膨脹的奇亞籽放入泡好的燕麥杯裡，再裝飾上奇異果、無花果及食用花就大功告成啦！

＊可以將奇異果換成其他你喜歡的水果，搭配不同顏色的食材及容器，就能有不一樣的視覺與味覺享受。

＊奇異果在切片時記得要切薄一點才不容易從杯壁掉落。

＊奇亞籽的纖維較多，記得要多補充水分，否則反而會便祕。

TIPS

用木砧板襯著綠白色的果昔杯、搭配一束帶葉的小白鮮花會很有春天的氣息；在擺放切丁、切片的水果時，得要有溢出來的豐盛感，才會顯得吸睛。

沙拉如果只有一種味道及口感就真的像是在吃草了。但我把酸、甜、辛和脆、軟、綿，
這些不同風味、不同口感的食材調味全加進去；這樣的沙拉比大魚大肉更吸引人！

北非小米藜麥沙拉

食材

沙拉食材
北非小米　40g
藜麥　20g
小番茄　10顆
紫洋蔥　半顆
高湯　250ml
酸豆　1大匙
墨西哥辣椒　1大匙

飾頂材料
無花果　1顆
水煮蛋　1顆
（煮7分鐘）
菲達乳酪　1大匙
檸檬　半顆切片
食用花　可略

沙拉醬汁
芥末籽醬　1大匙
橄欖油　2小匙
白酒醋　2小匙
檸檬汁　半顆量
胡椒粉　少許

作法

1 將藜麥浸泡一小時，並且清洗至不會產生泡沫；瀝乾後與北非小米一起放進雞高湯中燜煮8分鐘。

2 將小番茄切圈、無花果切片；紫洋蔥切絲泡冰水10分鐘。同時間將所有調味料混和均勻。

3 最將所有準備好的食材及醬汁攪拌均勻；最後在沙拉上撒上壓碎的菲達乳酪、擺上食用花、無花果及檸檬片就可以美美上桌囉！

TIPS

● 若選用「脫殼紅藜」，以濾網輕輕沖洗3次、待泡泡消失，即可洗去皂素（略帶苦味）。而帶殼紅藜因有外殼包附，清洗時並不會產生泡沫，食用時略帶苦味，同時可攝取外殼與植化素的營養。

● Couscous 在台灣會翻成「庫司庫司」或稱「北非小米」，雖然形狀與顏色雖然與小米相似，但北非小米其實是用粗麥粉與水，搓揉製成的一種麵食，和燉煮、燒烤料理都很相配。尤於它最大的特色就是能夠吸飽食材與湯汁的精華。因此，請絕對不要只用清水來煮北非小米。如果手邊沒有高湯，也可以利用一些香料和洋蔥，讓它能發揮特長，讓食材的精華與香氣全吸附上去。

● 建議這道沙拉可以前一晚先完成，放進冰箱冷藏。如此以來能讓北非小米與藜麥吸附更多醬汁，各種食材也能更為融合。

無限彩椒丼

這道菜是從日本曾經紅及一時的「無限青椒丼」所延伸出來的。
其中的「無限」是指這道菜好吃到
就算有再多再多的青椒也能一次吃完！
但其實我個人非常不喜歡吃青椒；
於是將青椒改成味道沒這麼重、
口感更鮮甜多汁的甜椒來料理。
吃下第一口，真的會覺得「有再多再多的甜椒，
我也能一次全部吃光光。」

食材

彩椒／青椒　3個
水煮鮪魚罐頭　1個
調味料
麻油　1大匙
無添加柴魚粉　1小匙
胡椒鹽　1/2小匙
柴魚片　1小撮
白芝麻　1小匙

作法

1 把彩椒／青椒洗淨後去頭去籽切成圈。
2 接著將柴魚片和芝麻以外的食材通通攪拌均勻，放入微波爐，600W，微波3分鐘。
3 微波完成後，撒上芝麻和柴魚片即完成。

TIPS

如果家裡沒有微波爐，可以用小火將彩／青椒
炒到變軟；或是直接生吃也沒有問題。
這道菜不論單吃或是胃口較大，需要再扣上一
碗飯來配都非常合適。

佐餐副菜：雞茸鴻喜菇 p.097　塔塔醬四季豆沙拉 p.095　番茄玉米排骨湯 p.106

京醬翠菠捲

把當季最鮮嫩的菠菜榨汁加到麵糊裡，下鍋煎出春天顏色的餅皮。
再把大名鼎鼎的京醬肉絲當餡料，疊成一份營養又美味的京醬翠菠捲。
餅皮 Q 嫩、肉絲甜而不膩；一口咬下還有好多蔬菜；
光吃這道菜就讓人滿足到不行。

食材

麵皮
菠菜葉　50g
低筋麵粉　50g
雞蛋　1顆
水　100ml

調味料
鹽　1/2小匙
油　1小匙

京醬炒肉
肉絲／片　150g
蒜　3瓣

肉絲醃製調味料
白胡椒　1/2小匙
鹽　1/2小匙
太白粉　1小匙

甜麵醬
醬油　1大匙
老抽　1小匙
白胡椒　1/2小匙
鹽　1/2小匙
糖　1小匙
油　1小匙
水　2大匙

其餘食材
小黃瓜　半根切絲
胡蘿蔔　半根切絲
生菜葉　30g

作法

京醬肉絲
1 肉絲／片先行以胡椒、鹽及太白粉抓醃十分鐘。
2 蒜瓣切末後炒香，放入肉絲／片炒至8分熟。
3 放入調製好的甜麵醬一起拌炒至水分大概收乾，起鍋待用。

菠菜麵皮
1 將菠菜葉洗淨後放入加了鹽及油的滾水中汆燙20秒，起鍋稍微浸泡冰水後撈起待用。
2 把燙熟的菠菜葉、麵粉、雞蛋與水一起攪打均勻成綠色的麵糊。
3 鍋內塗抹上一層油、倒入剛好薄薄鋪在鍋底的麵糊量，以小火煎熟後起鍋待用。

京醬翠菠捲
1 小黃瓜切絲、生菜撕小葉；胡蘿蔔切絲後入滾水汆燙一分鐘後撈起待用。
2 在煎好的麵皮上依序放入生菜葉、小黃瓜和蘿蔔絲；最後疊上炒好的京醬肉絲後包裹起來，從中對切一刀，呈現美麗的剖面，即可上桌享用。
3 食譜裡的餅皮口感介於粉漿蛋餅與法式可麗餅之間；想要更嫩、更甜一些可以把水換成牛奶。

TIPS

在切開捲餅時，記得要和蔬菜絲的擺放方向垂直，否則一刀下去就不會是好看的剖面了。

佐餐副菜：蒜煎蘆筍 p.098　馬茲瑞拉四季豆捲 p.095　番茄玉米排骨湯 p.106

將彩椒和小黃瓜切成可愛的波浪塊狀、再與牛肉一起翻炒。
鹹中帶甜、顏色好看，彷彿還吃得到一點醬瓜的懷舊滋味。

<table>
<tr><td rowspan="2">春季晚餐（定食）</td><td rowspan="2">懷舊小黃瓜牛肉</td></tr>
</table>

懷舊小黃瓜牛肉

春季晚餐（定食）

食材

牛肉片　200g
彩椒　1顆量
小黃瓜　1/2根

調味料
蒜末　1瓣量
米酒　1大匙
醬油　1小匙
糖　1小匙
蠔油　1小匙
辣豆瓣醬　1/2小匙
太白粉　1小匙
麻油　1又1/2小匙

飾頂
白胡椒粒　少許

作法

1 將牛肉與所有調味料放進大碗裡混和抓醃十分鐘。

2 彩椒與小黃瓜以波浪刀切成小塊。

3 無須放油，將醃好的牛肉放進鍋中以中火拌炒；待牛肉變色後加入彩椒與小黃瓜炒至蔬菜稍微變軟即可起鍋。

4 上桌前撒上白胡椒粒點綴即完成。

TIPS

由於這道菜屬於偏中式的口味；所以我們可以找一個不那麼現代、稍微質樸一些的容器來盛裝；讓人聽到菜名、再一眼看過去就能想像屬於舊時光的美好滋味。

佐餐副菜：清拌高湯番茄 p.085　香油芝麻小松菜 p.086　什錦菇菇蛋花湯 p.107

這道菜的調味用了一個比較跳 tone 的食材——偏西式的 TABASCO；
加了酸酸辣辣的 TABASCO 能讓已經吸滿韭菜湯汁的豬肉捲甜味更加明顯。
再配上炒到金黃甜嫩的洋蔥，營養滿點又美味！嘴巴大點的一口一個剛好啊！

春季晚餐（定食）

洋蔥韭菜豬肉捲

食材

豬里肌肉片　10片
韭菜　100g
洋蔥　1/2顆
調味料
清酒　1大匙
鹽　1/2小匙
油　1大匙
TABASCO（檸檬風味）
數滴
黑胡椒粒　少許
胡椒　少許

作法

1　韭菜切成約5公分左右長度的段狀，再分成10等份。

2　里肌肉片撒上胡椒跟鹽；一片肉片捲上一份韭菜。

3　鍋中放入1/2大匙油，將韭菜豬肉捲封口朝下放進鍋中，開中小火先將封口煎至固定，再滾動肉捲直至肉成熟色。

4　淋上一大匙清酒後加蓋轉小火燜5分鐘，接著開蓋收乾醬汁再夾出待用。

5　鍋內再放1/2大匙油，將洋蔥炒至金黃變軟後撒上鹽。

6　洋蔥及韭菜肉捲盛盤後滴上幾滴TABASCO提味即可。

TIPS

一捲捲煎好的韭菜豬肉捲在盛盤時可以插上可愛的食物籤做點綴，營造一種精緻小巧的感覺；再與其他同色系、花紋相近的豆皿擺在一起會更有整體感。

佐餐副菜：椒麻拌三蔬 p.087　油醋番茄毛豆沙拉 p.092　白菜雞肉豆乳味噌湯 p.103

清酒韭菜蒸雞

利用大量韭菜獨有的特殊氣味、
伴以討喜的蔥香、酒香和麻油香。
今天我們不吃飯，有這麼美味的拌料，
沒拿來拌麵不是很可惜嗎？！

食材

雞腿排　1片
薑絲　5片量
韭菜　100g
蔥　100g

調味料
清酒　2大匙
麻油　1大匙
醬油　1大匙
白醋　1大匙
糖　1小匙

飾頂
白芝麻粒　少許

作法

1 將腿排切成一口大小、韭菜及蔥切花、薑片切絲。

2 雞腿肉放入鍋中、鋪上薑絲後淋上麻油及清酒以中火煮滾。

3 沸騰後，蓋上鍋蓋以小火燜6分鐘，熄火。

4 撒上韭菜與蔥花，再放入醬油、醋和糖用餘溫拌炒一下加蓋燜5分鐘使之更入味、韭菜與蔥亦能變熟成脆脆口感。

5 最後撒上芝麻粒即可上桌。

TIPS

●這道料理如果改成中式的紹興酒或是花雕酒會別有一番風味喔！

●有時候遷就於料理本身不是那麼好凹出特別的造型；就像是這道菜。此時便可以考慮在食器與擺設下點心思。讓料理本身趨於單純，改用底下映襯的托盤營造出不一樣的氛圍。

佐餐副菜：雙色蘿蔔漬 p.088　優格小黃瓜 p.093　柚香菌菇清湯 p.105

春
定食晚餐
當日享用更美味

甜豆胡蘿蔔豬梅花

春季晚餐（定食）

脆口的甜豆、配上減一分則太瘦、
多一分則太肥的豬梅花；簡單用高湯去料理，
就能吃到食材最單純的原味。
再點綴幾朵好看的小橘蘿蔔花；賞心悅目！

食材

豬梅花肉片　150g
甜豆　10支左右
胡蘿蔔　半根

調味料
油　1/2大匙
高湯　1大匙
鹽　1/2小匙

作法

1 甜豆去除蒂頭與粗纖維、胡蘿蔔切片後用壓花模壓出喜歡的造型再刻出線條，使之更立體。

2 鍋內放入1/2匙油、將豬肉片先進鍋炒至八分熟。

3 接著放入甜豆與胡蘿蔔，淋上高湯一起翻炒2分鐘，直至肉片變熟、蔬菜斷生。

4 起鍋前撒上鹽巴調味即可。

TIPS

由於是春天的菜色，便當的部分我放了兩顆點上櫻花漬的十二穀米飯糰做搭配。不但健康，粉嫩的顏色還能讓人彷彿置身在夢幻的春櫻樹下。

佐餐副菜：椒麻拌三蔬 p.087　油醋番茄毛豆沙拉 p.092　鮭魚蘿蔔湯 p.104

春季晚餐（定食）

柚子醋蘆筍里肌捲

故意讓蘆筍頭尾露出較長的部分；
就像是一位位有著修長美腿、
細長美頸的短髮美女們，
正穿著小洋裝在對我搔首弄姿；
引誘我將它們一一吞下肚。

食材

豬里肌肉片　6～8片
蘆筍（細）　30～40根
調味料
柚子醋　1大匙
油　1大匙
鹽　1/2小匙
黑胡椒粒　少許

作法

1 蘆筍分成五根一份、里肌肉片撒上胡椒跟鹽；一片肉片捲上一份蘆筍；再切掉蘆筍尾部較粗硬的部分。

2 鍋中放入1/2匙油，將豬肉捲封口朝下放進鍋中，開中小火先將封口煎至固定，再滾動肉捲直至肉成熟色。

3 淋上一大匙柚子醋後再次滾動肉捲，煎成美味的金褐色即可出鍋。

TIPS

若在盤中單純放上蘆筍里肌捲會稍嫌單薄；不如將原先要擺放配菜的豆皿一一撤掉；直接找一個素色的大平盤，將配菜置於同一盤中，這樣不但讓菜色看起來豐富、也不用去思考配色的問題。

佐餐副菜：清拌高湯番茄 p.085　雞茸鴻喜菇 p.097　鯛魚豆腐湯 p.107

春晚餐
定食
多煮一點帶便

春季晚餐（定食）

雞翅鑲彩蔬

一口咬下，豐腴的醬汁、香彈的雞皮，
嫩滑的雞肉，以及爽口的蔬菜；
就連五穀根莖類都幫你準備好了；
全都兜進雞翅這個小口袋裡。
一口咬下，不用吐骨頭，真是過癮！
所有插進雞翅裡的食材們，
我看你們真的是插翅難逃了！

食材

雞翅　　10隻
馬鈴薯　1顆
甜椒　　3顆

雞翅醃料
米酒　1大匙
鹽　　1小匙

調味料
味醂　1大匙
烏醋　1大匙
醬油　1大匙
白醋　1大匙
水　　2大匙

作法

1 雞翅去翅尾留翅中並且清洗乾淨；用廚房剪刀將翅中內連在一起的關節剪斷，沿著兩根骨頭一路剪開分離骨肉，直至取出雞翅的骨頭。

2 去骨的雞翅用鹽和米酒稍微醃漬5分鐘，去腥入味。

3 甜椒一半切絲、一半切丁；馬鈴薯則是去皮切絲。

4 將甜椒絲和馬鈴薯絲分成十等份，塞進雞翅裡面。

5 鍋中放入少許油、轉中小火，放進鑲好的雞翅，煎至雞肉雙面金黃，並因受熱緊縮後，肉箍住蔬菜的狀態。

6 將調味料拌勻後淋在雞翅上，翻面幾次，讓醬汁均勻沾附；蓋鍋蓋小火燜5分鐘，入味後便可先夾出雞翅，將醬汁留在鍋內。

7 最後把甜椒丁放進鍋中用醬汁稍微煮軟後再淋在雞翅上即可。

TIPS

這樣料理出來的蔬菜口感吃起來是脆口的；如果喜歡軟一些，可以加蓋多燜兩分鐘。彩椒也可以換成任何方便切成長條形的的蔬菜。

佐餐副菜：柚子醋高麗菜沙拉 p.092　　韭菜煎蛋 p.097　　鮭魚蘿蔔湯 p.104

黃瓜鮮菇炒雞肉

春季晚餐（定食）

真是再簡單不過的食材了！
吃著的是家常的滋味、聞著的是日常的芬芳。
想家的時候，
不妨為自己做這道黃瓜鮮菇炒雞。

食材

雞腿排	1片
小黃瓜	30g
胡蘿蔔	30g
香菇	40g

調味料

柚子醋	1大匙
米酒	2小匙
麻油	1小匙
鹽	1g

作法

1 將腿排切成一口大小、黃瓜切圈、香菇切片，而胡蘿蔔切小丁。

2 雞腿肉以皮面朝下放入鍋中，小火煸至雞皮金黃後翻面煎至肉面也呈金黃。

3 接著放入香菇跟胡蘿蔔用煸出的雞油炒軟。

4 最後放入黃瓜與調味料翻炒一下即可出鍋。

TIPS

這道菜如果不用雞腿，也可以改成雞里肌；脂肪少、口感也嫩；讓你享受美味卻無負擔。而柚子醋也可以換成薄鹽醬油，風味雖有些許不同，但一樣可口好吃。

佐餐副菜：韭菜煎蛋 p.097　蒜煎蘆筍 p.098　鯛魚豆腐湯 p.107

春季晚餐（定食）

蒜辣薑蒸菇菇雞

有著特殊香氣的松本茸與萬年不敗雞腿排，
用最簡單的調料，舞出層層疊疊的滋味。
這道菜蒸出來的湯汁是精華，
絕對要與米飯搭配享用啊！

食材

雞腿排　2片
松本茸　3朵
薑片　6～8片
雞腿排醃料
鹽　1/2小匙
胡椒　少許
米酒　1大匙
調味料
蔥花　2支量
蒜末　3～4瓣量
辣椒　1根切圈
糖　1小匙
鹽　1小匙
醬油　1大匙
油　1大匙

作法

1 雞腿雙面撒鹽和白胡椒，塗抹均勻後醃製至少1小時。

2 在電子鍋內刷上一層薄油，鋪上薑片和松本茸片墊底。

3 將醃好的雞腿排平鋪在上面，倒入米酒，直接按下炊飯鍵（約煮30分鐘）。

4 雞腿排煮好後不要開蓋，燜5分鐘後再取出切塊。

5 最後將電子鍋內剩的雞汁與調味料攪拌均勻，淋在雞腿上即可。

TIPS

可以把搭配食用的藜麥飯揉成可愛的小圓球、再放上蒸好的松本茸；其他的配菜也一起擺在同個盤子上，看起來豐富又有食欲。

佐餐副菜：香油小黃瓜 p.084　柚子醋高麗菜沙拉 p.092　白菜雞肉豆乳味噌湯 p.103

這個季節的菜兒～

	菠菜	韭菜
蔬菜		
教你 怎麼挑	★葉片新鮮有厚度、同時富有彈性不軟爛。 ★葉片的顏色為新鮮的翠綠色，不泛黃；莖梗飽滿強壯不萎靡。 ★長著紅色根的菠菜更是清甜美味！	★葉尖不能發黃、葉片有彈性無摺痕，且顏色翠綠有光澤。 ★根部稍微帶土但沒有腐爛；整株氣味聞起來濃郁。
教你 怎麼保存	剛買回家的菠菜建議稍微攤開，讓菜葉間悶住的水氣能散開；再用乾淨的紙張包起、或是裝入透氣的保鮮袋後放進冰箱（根部朝下、直立擺放為佳）。若是不馬上使用，可以用廚房紙巾稍微沾溼後，再將根部包起，一至兩天更換一次。	整把的韭菜買回後建議先攤開，讓水氣能風乾。若是根部帶土也不要清洗、稍微拍掉即可，否則容易腐爛；最後再用乾淨的紙張包起、或是裝入透氣的保鮮袋後放進冰箱（根部朝下、直立擺放為佳）。
合適的 烹調方式	炒、燙、拌	炒、燙、煎、拌
關於它的 二、三事	★因為菠菜含有草酸的關係，吃起來會讓口中產生一種不舒服的澀感。這時候只要先將菠菜汆燙過、去除湯水，再進行後續的烹調，就能去掉大部分的澀味。 ★另外，因為豆腐含有豐富的鈣質、菠菜含有草酸；如果把豆腐直接和菠菜一起食用，就容易產生化學變化，形成草酸鈣，在體內形成結石。這時候可以先行將菠菜燙熟，去除大部分的草酸；如此一來就能安心享用與豆腐一起組成的料理了。	★韭菜的根部很容易沾附泥土與雜質；建議清洗時可以準備一個裝滿水的鍋子；整束抓住、仔細將葉片分開清洗。 ★韭黃其實是農人在韭菜生長過程中用黑布將陽光遮蓋住，讓韭菜無法行光合作用，便缺少了葉綠素的色澤；口感雖細嫩，但營養價值沒有韭菜來得好。開花時整株採收的韭菜花，口感則是最鮮脆美味的了！ ★韭菜有退奶的功效；因此計畫要哺乳的孕婦到懷孕後期及哺乳期中都不建議食用。 ★想要去除食用韭菜後口中所殘留的異味，可以試試喝點綠茶或牛奶，會比刷牙來得更有效。

四季豆	小黃瓜	甜椒
![四季豆]		

四季豆	小黃瓜	甜椒
★豆莢要飽滿、顏色為漂亮的牛奶綠。 ★沒有蟲咬、發黑及咖啡色斑點。 ★皮薄、飽水，新鮮且不乾枯。	剛採收下來的小黃瓜表面會有一些小刺，隨著時間經過就容易將小刺磨平。 所以在挑選時： ★表面越多小刺就代表越新鮮。 ★選擇長度大約 15 公分、形體筆直不歪斜、顏色亮綠為佳。	★外皮需光滑無斑點、色澤鮮艷亮麗；蒂頭綠且堅硬。 ★大一點的甜椒果肉較厚、吃起來會較多汁。 ★選擇外型對稱的甜椒，如此在料理前的下刀會比較容易。
四季豆是一種很耐放的蔬菜；只要乾燥無水氣，在密封冷藏保存的狀況下，一星期都還是新鮮漂亮的。	小黃瓜表面如果潮濕帶有水氣，很快就會變得黏滑軟爛。因此要記得將水氣擦拭乾淨後再裝入透氣的保鮮袋內冷藏。唯冷藏時也要注意不要太靠近冷氣出風口，否則容易凍傷就不好吃了。	甜椒在室溫下也能保持新鮮 2 ～ 3 天；若是要放較長時間，還是建議裝入透氣的保鮮袋內冷藏。一次沒用完的甜椒在送進冰箱前記得用保鮮膜將切口包好，避免水分流失，並且盡早使用完畢。
炒、燙、煎、炸、拌	炒、拌、生食	炒、拌、烤、燉、炸、生食
★沒煮熟的四季豆會讓人腹瀉。要讓四季豆熟透，絕對不是在鍋裡翻個兩下就能起鍋；但直接炒熟的四季豆就會轉黃變暗、不那麼綠了。這時候最好的方法就是將四季豆汆燙、再下鍋油炒；如此一來就能吃到顏色鮮嫩又健康安心的四季豆了。 ★處理四季豆最基本的步驟就是去除蒂頭、同時撕掉兩側的粗纖維；這樣料理出來的四季豆在咀嚼時才不會過硬、難咬斷。	★最常見的涼拌小黃瓜是用少許鹽抓醃去青、瀝乾水分後再涼拌；如此一來能去掉小黃瓜的青澀味、也能讓醬汁更快入味。另外提供一個不用鹽的涼拌方法：將小黃瓜切成 3 ～ 4 段，放冷凍冰 2 小時；由於冷凍後的小黃瓜內部結構會改變、水分也會被凍乾，變得容易入味。這時候從冰箱拿出來後用刀背敲碎成破裂長條狀就能直接醃漬調味了。 ★加熱過久的小黃瓜容易變得軟爛；既然小黃瓜可以生吃，沒有炒到全熟也可以食用；建議用大火快炒，讓醬汁能沾附入味，營養也不會流失太多，即可起鍋。	★甜椒和其他茄科的植物一樣，含有較多的植物鹼；患有關節炎的人不建議吃太多甜椒。 ★不喜歡吃甜椒的人，可以試著用火烤／高溫烤，將甜椒的外皮烤到焦黑後撕掉。由於果肉是最甜美的部位，而甜椒的怪味則是來自於外皮、內膜和籽；只要花點時間將這三個部分去除，甜椒就會美味許多。

Summer
夏季餐桌

炎炎夏日暑氣升；沒食欲？不可能，
熱辣辣的太陽也會被我的料理擊退！

夏季週間餐桌計畫

夏季	Day1	Day2	Day3	Day4	Day5
早餐	酪梨鮮蝦義大利冷麵 	櫛瓜鑲蛋 	莎莎燕米碗	酪梨雞蛋豆皮捲	松本茸舒芙蕾松露蛋捲
中餐 （便當）	酸甜雞翅 絲瓜鑲豆腐 馬茲瑞拉四季豆捲 	竹筍鑲肉 柚子醋高麗菜沙拉 芝麻味噌青花椰' 	百香果味噌烤雞翅 番茄洋蔥牛肉片沙拉 木耳空心菜 	生薑豬肉片 酸辣醋醃白菜 檸香杏鮑菇 	伍斯特牛肉片 胡麻茭白筍 柚子醋高麗菜沙拉
晚餐 （定食）	竹筍鑲肉 柚子醋高麗菜沙拉 芝麻味噌青花椰 蛤蜊高麗菜咖哩湯 	百香果味噌烤雞翅 番茄洋蔥牛肉片沙拉 木耳空心菜 蛤蜊高麗菜咖哩湯 	泰式櫛瓜麵 酸辣醋醃白菜 檸香杏鮑菇 洋蔥蘿蔔豬肉味噌湯 	湘式皮蛋擂辣茄 胡麻茭白筍 柚子醋高麗菜沙拉 洋蔥蘿蔔豬肉味噌湯 	雞茸鑲茄 糖醋西瓜皮 優格小黃瓜 絲瓜蛤蜊湯

夏季	Day6	Day7	Day8	Day9	Day10
早餐	蝶豆花香蕉奇亞籽布丁杯 	蜂蜜酪梨銀耳杯 	迷迭香芒果牛肉丁沙拉 	葡萄鮮蝦千張捲 	豆皮雞蛋番茄燒
中餐 （便當）	黃金豆腐起司煎餅 芝麻味噌青花椰 雞茸鴻喜菇 	吮指回味芒果蝦球 絲瓜鑲豆腐 番茄洋蔥牛肉片沙拉 	金沙牛奶蝦球豆腐 紫蘇梅花椰菜 馬茲瑞拉四季豆捲 	海南雞飯 塔塔醬四季豆沙拉 酸辣醋醃白菜 	義式香草鮭魚 油醋甜椒漬 味噌黃瓜漬
晚餐 （定食）	吮指回味芒果蝦球 絲瓜鑲豆腐 番茄洋蔥牛肉片沙拉 金針花肉片湯 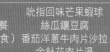	金沙牛奶蝦球豆腐 紫蘇梅花椰菜 馬茲瑞拉四季豆捲 金針花肉片湯 	海南雞飯 塔塔醬四季豆沙拉 酸辣醋醃白菜 什錦菇菇蛋花湯	秋葵炒雞丁 油醋甜椒漬 胡麻茭白筍 什錦菇菇蛋花湯	印度鮮蝦咖哩 百香果漬南瓜 優格小黃瓜 毛豆豆乳濃湯

把酸中帶辣、如奶油般的酪梨醬，拌入碳水較低的低醣義大利麵；
再擺上有檸檬香氣的大蝦仁；炎炎夏日有這道，就能既開胃又無負擔了！

夏季早餐

酪梨鮮蝦義大利冷麵

食材

蝦仁　100g
低醣義大利麵　80g

蝦仁醃料

鹽　1g
檸檬汁　1/2顆量
黑胡椒　少許

酪梨醬

番茄　100g（切丁）
洋蔥　100g（切丁）
墨西哥辣椒　10g（切丁）
酪梨　1/2顆
橄欖油　1小匙
辣椒　1/3根（切碎）
Tabasco　4～5滴
檸檬汁　1/2顆量

作法

1 先將蝦仁用醃料抓醃10分鐘待用。

2 牛番茄底部劃十字後，放入滾燙的熱水中汆燙，接著放入冰水裡冷卻、去皮切丁。

3 將酪梨醬所有的食材全部攪拌均勻。

4 照包裝袋上的指示將義大利麵煮熟，再放入冰水裡冷卻，接著與做好的酪梨醬均勻混合。

5 醃好的蝦仁用少許橄欖油煎至兩面上色。

6 義大利麵捲成長條狀後擺在盤子的一側；再將蝦子排在麵條上；盤子的另一側點上剩餘的醬汁做為盤飾。

TIPS

● 煮好的義大利麵與酪梨醬先攪拌均勻，如此一來麵條才不會變乾。擺盤時可以用不對稱的方式將麵條先放在右側靠盤緣的位置，上面放置蝦仁及一半的酪梨醬；最後再將酪梨醬分開點綴於另一側。

● 捲麵的時候可以用長筷子或是食物夾，將麵條平均捲在筷子或食物夾上。接著將捲好的麵條連同捲麵餐具一起移動橫置在盤子上，最後再將餐具抽走即完成。

● 如果家裡沒有長筷子或食物夾，可以先將麵撈進一個杯子或是深碗裡，讓麵條集中在一起；這樣再用普通筷子捲麵就不容易散開。

櫛瓜刨成絲，就像一個個小鳥窩；
仔細一看，這鳥窩裡的蛋怎麼熟了呢？

櫛瓜鑲蛋

食材

櫛瓜　200g
蛋　2顆
櫛瓜醃料
鹽　1小匙
調味料
鹽　1g
辣椒香料　少許
胡椒　少許

作法

1 櫛瓜洗乾淨後用刨絲器刨成細絲；如果沒有刨絲器的話，也可以直接用刀先切片，再切絲。

2 櫛瓜絲撒鹽抓醃10分鐘左右，出水後稍微擠乾水分備用。

3 起鍋熱油，放入櫛瓜絲，以小火翻炒3分鐘。

4 將炒過的櫛瓜絲堆成中空的圓形，再打上雞蛋，蓋上鍋蓋後繼續以小火燜3分鐘。

5 起鍋後趁熱撒上鹽、黑胡椒和辣椒粉調味即可。

TIPS

● 如果嫌刨絲太麻煩，也可以直接刨成片再堆疊在一起。

● 燜三分鐘的時間長度可以燜出溏心蛋；如果想吃熟一點的蛋黃，可以再多燜幾分鐘。

  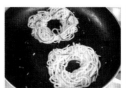 

加入葡萄絕對是為這道料理添上畫龍點睛的一筆；
讓這碗料理多了點甜甜的驚喜。
只要把食材都切成跟米粒一樣的小丁狀，一口舀起就什麼都能吃到啦！

莎莎燕米碗

食材

熟燕米　80g
牛番茄　1/2顆
甜椒　1顆
紫洋蔥　1/8顆
小辣椒　1根
墨西哥辣椒　3〜4小圈
羅勒葉　5〜6片
無籽葡萄　5顆
調味料
鹽　1/2小匙
橄欖油　1大匙
檸檬汁　1/2顆
黑胡椒　少許

作法

1　燕米煮熟後留80g待用；剩下的放涼後冷凍保存。

2　將燕米以外的食材全部切碎成小丁狀，再與燕米飯和所有的調味料攪拌均勻即可。

TIPS

●燕米也可以換成其他帶有嚼勁與口感的五穀雜糧，例如糙米、麥仁或薏仁等。

●用具有南洋風味的椰殼碗來當作盛裝的器皿，配上橘色的餐巾與木匙；讓人能想到愉快的熱帶異國風情。

用生豆皮取代了傳統的蛋餅皮、煎蛋改成水煮蛋；
少了一點碳水、同時也多了一份柔軟；
配上與酪梨一起製成的蛋沙拉，這樣的蛋餅我可以。

酪梨雞蛋豆皮捲

食材

酪梨　　1/2顆
水煮蛋　1顆
生豆皮　2張
調味料
檸檬汁　　1/4顆量
美乃滋　　1大匙
鹽　　1g
胡椒　　少許

作法

1 將酪梨果肉、水煮蛋切碎後拌入調味料。

2 鍋中放一小匙油，再以小火將豆皮煎至金黃。

3 接著把調好的酪梨雞蛋醬鋪在豆皮上再捲起。

4 最後將豆皮捲在鍋中煎至更為上色後，切開擺盤就完成了。

TIPS

● 檸檬汁可以讓酪梨不容易氧化變黑；沒用完的酪梨切面可以先塗抹上檸檬汁再用保鮮膜包起來；延緩變色的時間。

● 這份料理的擺盤跳脫傳統蛋餅一定會擺在盤子裡的既定印象；改用一個大的拉麵碗，讓豆皮捲置中於大碗的中央，以豆皮捲延伸出去的放射線條，讓人能聚焦在料理上。同時交錯放入本來也會吃到的早餐水果—紅心芭樂。讓平凡週間的早餐看起來不平凡。

  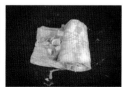 

松本茸舒芙蕾

松露蛋捲

輕飄飄、軟綿綿，
吃雲應該就是這種感覺吧？！
一勺舀起，送入口中，
味蕾立刻迎來輕盈的幸福。
奢侈的擺上一大匙松露醬；
沒辦法，我就是這麼寵愛自己。

食材

松本茸　2朵
蘑菇　6朵
牛奶　100ml
麵粉　1大匙
蛋　2顆

調味料

松露醬　1大匙
鹽　1小匙
糖　3小匙

胡椒　少許
巴西利碎　少許
薄荷葉　1小株

作法

1 松本茸切片；蘑菇一半切片、一半切碎。

2 把切片的松本茸及蘑菇放進鍋中乾煎出香氣、表面呈金黃。

3 接著將蘑菇碎下鍋炒香後倒入牛奶、松露醬和麵粉翻炒至濃稠。

4 將兩顆蛋的蛋黃及蛋白分開；蛋黃加點鹽打散；蛋白則是分三次加入糖後打發。

5 把蛋白小心以切拌的方式加入蛋黃液中。

6 鍋中抹上少許油、倒入混合均勻的蛋液，開小火，加蓋，烘至蛋液成型後起鍋。

7 在煎好的舒芙蕾蛋內夾入煮好的松露蘑菇醬再對折。

8 食用前淋上一些剩下的松露蘑菇醬、撒上胡椒及巴西利碎，再搭配乾煎的松本茸和蘑菇一起享用即可。

TIPS

●利用蛋白打發會蓬鬆的特性來製作這個蛋捲，讓它呈現外酥內鬆的口感。口味可鹹可甜、就算單純的放上一塊鹹奶油也非常美味。

●將舒芙蕾蛋捲對折放入盤中後；隨興地擺上煎好的蘑菇及松本茸；營造出舒芙蕾蛋捲最原始出生地的法式慵懶氛圍。

迷迭香芒果牛肉丁沙拉

煎香的牛排粒，配上芒果的濃郁果香，
真是怎麼吃都吃不膩。重點是，吃完還不用洗盤子呢！

食材

芒果　1顆
牛小排　150g
蒜片　3瓣量
迷迭香　4株

調味料

橄欖油　1大匙
鹽　1g
黑胡椒　少許
伍斯特醬　1大匙
芥末籽醬　1小匙

作法

1 先將蒜片入鍋以小火煸至金黃酥脆後待用。

2 芒果切成兩大片，將果肉切丁後挖出，留下芒果皮。

3 牛排肉切小丁後撒上鹽和黑胡椒、將迷迭香一起入鍋，煎至5分熟（約1分鐘左右），讓肉汁鎖住，之後回炒時才能外焦裡嫩。

4 鍋中放油，將五分熟的牛排丁及迷迭香回鍋並且加入芒果丁，再加入伍斯特醬一起翻炒1分鐘。

5 將之前挖空的芒果皮直接拿來當作盛裝的容器，填入牛肉及芒果，撒上蒜片再點綴迷迭香；可以再準備一小匙芥末籽醬和鹽一起享用。

TIPS

●台灣的芒果最好吃了，記得不要挑到纖維多的土芒果就好；牛肉則是要嫩，價位就自己斟酌了；關鍵是絕對不要煎過熟，七分熟碰頂；這樣才能保持外熟內嫩的最佳口感。

●切芒果時要越靠籽的方向去切，才能留下越多的果肉與越大的果盅。

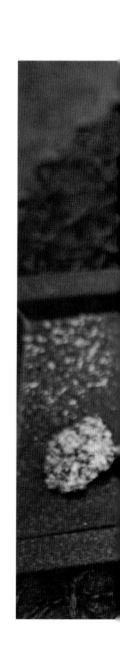

新鮮的銀耳好似一朵出水芙蓉般清麗脫俗；煮起來比乾燥銀耳容易許多；
而且還帶有淡淡的茉莉花香。鮮銀耳的滑溜、配上酪梨冰沙的綿密，
恰到好處的一絲蜂蜜甜味～我感覺自己每吃一口都在變美！

夏季早餐

蜂蜜酪梨銀耳杯

食材

A.
酪梨　1大顆（冷凍後退冰）
蜂蜜　1大匙
檸檬汁　20ml
B
鮮銀耳　100g
蜂蜜　1大匙

作法

1 新鮮的銀耳清洗後用手剝成小朵，與蓋過白木耳份量的冷水一同入大鍋，開中火煮滾後轉小火，慢慢熬煮半小時左右就會釋出豐富的膠質；木耳冷卻後待用。

2 酪梨從冷凍庫取出後稍微退冰一下（用常溫酪梨也可以，只是冰的更加沁涼美味），再和檸檬汁及蜂蜜一起打成果泥冰沙。

3 取一高腳杯，先將果泥填入，再將銀耳羹倒入杯中即可。

TIPS

● 新鮮的銀耳買回來用清水簡單沖洗表面，或是放入熱水快速汆燙一下，用手剝成小朵後，與蓋過白木耳份量的冷水一同入大鍋中煮就行了。記得鍋要準備大一點的，因為煮好的銀耳會膨脹；一朵銀耳大概可以煮成四碗。

● 清涼的飲品配上透明感的容器；在視覺上也能感受到溫度的沁涼。

好想去泰國度假啊！週間的早晨真是不想上班，
但為了五斗米還是得折腰；
那就用一杯有著泰國風情的藍色蝶豆花布丁杯先讓自己神遊一下吧！

夏季早餐

蝶豆花香蕉奇亞籽布丁杯

食材

乾燥蝶豆花　10～15朵
香蕉　2根
奇亞籽　10g
牛奶　100ml
無糖優格　200g
蜂蜜　2小匙

作法

1 取一個玻璃杯；先將奇亞籽與牛奶一起放進杯中使之膨脹。

2 再用溫熱開水將蝶豆花泡出成藍色液體。

3 將一根香蕉和優格、蜂蜜一起打成果昔；再將泡好的藍色液體倒入果昔內混和攪拌。

4 接著把另一根香蕉切成片狀，貼在玻璃杯上；再把剛做好的藍色果昔倒入杯中。

5 最後在杯緣點綴些喜歡的水果和食用花即可。

TIPS

●孕婦不適合吃蝶豆花，要格外注意。
●蝶豆花汁液在和香蕉果昔攪拌時，不用刻意攪到非常均勻；留下一點藍色與白色交融的紋路會看起來更加夢幻。

春捲也能做出洋浜腔。關鍵這是西洋還是南洋的就有點分不清了。
反正，fusion 正是王道嘛，而且用千張豆腐紙做的春捲除了顏色好看、
還有減醣人最愛的蛋白質呢！

葡萄鮮蝦千張捲

食材

大白蝦　6尾
葡萄　10顆
千張豆腐紙　2張
綠捲鬚生菜　1小把
（約25g）
金桔　1顆

蝦子醃料
鹽　1g
黑胡椒　少許
金桔汁　1顆量

調味料
椰糖　1小匙
白酒醋　1大匙

作法

1 將蝦去頭去尾去殼去蝦腸後切成3段；用鹽、黑胡椒和金桔汁抓醃10分鐘。

2 葡萄一顆切成四小塊，入鍋放少許油，加入白酒醋及椰糖，炒至椰糖融化。

3 接著放入蝦肉一起翻炒到醋汁收乾即可起鍋。

4 取兩張千張紙，上面放上綠捲鬚、蝦仁和葡萄再捲起。

5 享用前可以擠上金桔汁會更加美味。

TIPS

● 蝦仁要大，口感才會好；葡萄則要挑綠色的才不會過甜顯膩。千張豆腐紙也可以換成生春捲皮，口感也會很好。

● 擺盤時記得要以斜切的方式對半剖開千張捲才好看，直接一刀平切會顯得有點呆板。

食材簡單到不能再更簡單了；菜名是什麼，食材就是什麼；
就連調味也只有鹽和高湯這二味！但你看看它的外表，
是不是價格能翻上好幾倍呢？！

豆皮雞蛋番茄燒

食材

豆皮　2片
雞蛋　2顆
番茄　2顆

調味料

鹽　　1/2小匙
高湯　1大匙

作法

1 番茄對切成圓片、雞蛋放入高湯和鹽後打散待用。

2 取一個玉子燒鍋，放少許油、倒入一層蛋汁、放入一片豆皮再放上番茄。

3 底部的蛋液稍微凝固後，再次倒入剩下的蛋液，再蓋上一片豆皮讓蛋液更容易燜熟（能蓋上鍋蓋或是錫鉑紙會更好）。

4 用一個盤子將煎好的雞蛋燒倒扣起鍋。

5 接著切成六塊，點綴上番茄及薄荷葉便完成了。

TIPS

● 如果口味重一點的人可以再依個人喜好選擇蘸醬。
● 切成小方塊的樣式會顯得精緻也好入口；用來當作健康的 party food 也很不錯！

泰式櫛瓜麵

櫛瓜的質地較鬆、容易入味；
每條綠色的麵都沾上了開胃的泰式醬汁，
吃起來清爽又過癮。還搭配了胡蘿蔔和炒蛋絲，
一脆一軟，顏色和口感都更上一個檔次。
今年夏天的涼麵要不要改吃這款啊？！

食材

櫛瓜　1/2根（100g）
胡蘿蔔　1/3根（50g）
香菜　少許
蛋　1顆

調味料

醬油　1/2大匙
蜂蜜　1大匙
檸檬汁　1大匙
泰式甜辣醬　1大匙
蒜　2～3瓣
魚露　5滴

作法

1 蒜切碎後與蜂蜜、醬油、泰式甜辣醬、魚露和檸檬汁混合成醬料。

2 雞蛋打散後，將蛋液倒入鍋中，小火煎成蛋皮後切絲待用。

3 將櫛瓜、胡蘿蔔先刨成絲；如果沒有刨絲刀的話，也可以直接用刀先將櫛瓜、胡蘿蔔片成薄片，再切條。

4 起鍋熱油，先放入胡蘿蔔與醬汁快速炒勻，再加入櫛瓜絲、蛋絲，翻炒均勻（約1分鐘）後即可出鍋，裝盤撒上香菜碎即完成。

TIPS

●櫛瓜快熟、不用炒太久；過度上色顯焦就不好看了。

●跟捲一般的義大利麵方式一樣；用長筷子或是食物夾，將櫛瓜、胡蘿蔔麵條和蛋絲平均捲在筷子或食物夾上。接著將捲好的麵條連同捲麵餐具一起移動到盤子上，最後再將餐具抽走即完成。

佐餐副菜：酸辣醋醃白菜 p.089　檸香杏鮑菇 p.096　洋蔥蘿蔔豬肉味噌湯 p.102

湘式皮蛋擂辣茄

夏季晚餐（定食）

這是一道湘菜。將辣椒和茄子烤至外皮焦黑，讓水分蒸發；
皮雖焦但茄肉極嫩。剝去焦殼，
和同樣焦香的辣椒一起擂得稀爛，
再加入美味的皮蛋，真是好吃極了！
只是台灣人一般沒有吃這麼辣，
所以把一部分的辣椒換成甜椒，辣度降低，但美味不減。

食材

茄子　1條
甜椒　2顆
紅辣椒　1根
皮蛋　1顆
香菜　少許
調味料
醬油膏　1大匙

作法

1 椒類和茄子洗淨，擦乾水分後可以：

　a 以鐵鍋燒熱，不需要水或者油，放茄子和椒類下
　　鍋乾燒即可。

　b 在爐上（架烤網），直接將茄子、辣椒烤至皮面
　　燒焦、表皮皺起。

　c 直接放入烤箱最上層，以高溫烤至同樣的狀態。

2 小心把燒焦的皮撕掉、去除籽，並且撕成條；口感
　才會好。

3 接著將皮蛋剝殼，放進缽裡，辣椒茄子也一起放進
　去擂碎，香菜也可以一起放入，擂越碎就越入味，
　口感也會越順滑。最後加醬油膏調味後就可以吃
　了。

TIPS

●如果家裡沒有烤網，可以用鐵鍋代替，或是直接放
　入烤箱上層烘烤。

●所謂擂，是指把東西磨碎，和搗不太一樣，搗需要
　上下動作，而擂，則是需要用點巧勁以平面移動的
　方式去研磨。

佐餐副菜：胡麻茭白筍 p.086　柚子醋高麗菜沙拉 p.092　洋蔥蘿蔔豬肉味噌湯 p.102

夏
定 晚
食 餐
當日享用更美味

雞茸鑲茄

夏季晚餐（定食）

鮮香的肉餡，經過油煎，肉汁滲入茄肉，
加上微辣帶鹹的醬汁，每一口都在向你招喚白飯。
重點是，它一點都不油；整盤下肚絕對沒負擔。

食材

茄子 1根
雞絞肉內餡
雞里肌 80g
蔥 2根
太白粉 1大匙
醬油 1大匙
調味料
水 1大匙
醬油 1大匙
飾頂
辣椒 2小根
蔥 2根

作法

1 雞里肌加入蔥、太白粉和醬油一起用調理機打成黏稠的絞肉，稍微放10～15分鐘，使肉餡更入味。

2 長條茄子切段，然後對半切開；再用刀在茄身畫出2、3個凹口。

3 輕拍上一層太白粉在茄子的小凹口上，這樣能讓肉餡黏緊不易掉落。

4 將肉餡釀在茄子上，先送進微波爐，加蓋以800W加熱1分鐘，讓茄子定色。接著將鍋加熱，放少許油，先將有肉餡的一面朝下煎至肉色呈金黃，再翻面煎一下。

5 加入一匙水將茄子煮透，再放入適量醬油調味，最後撒入切粒的辣椒及蔥花即可。

TIPS

● 雖說也可以簡單將炒好的肉末淋在煮茄子上；但多了「鑲」這個變化，不但能讓茄子與雞肉的味道更加交融、菜餚的味道更有深度；也更加賞心悅目。

● 使用微波爐先加熱是為了讓茄子顏色保持漂亮的紫色，忽略這個步驟也不會影響味道。

佐餐副菜：糖醋西瓜皮 p.087　優格小黃瓜 p.093　絲瓜蛤蜊湯 p.107

秋葵炒雞丁

雞腿肉鮮嫩又入味、秋葵一粒粒脆口又滑溜；
配著香噴噴的雞腿肉，這道菜有了秋葵的加持，
除了開胃還能顧胃啊！

食材

雞腿肉　150g
秋葵　150g

雞腿醃醬
醬油　1大匙
米酒　1大匙
黑胡椒粒　少許

調味料
水　1大匙
醬油　1大匙
鹽　1/2小匙
辣椒　1條切圈

作法

1 將雞腿排切／剪成一口大小；再加入黑胡椒、米酒、醬油醃漬5分鐘。

2 秋葵洗淨，用少許鹽搓揉，去除表面絨毛，再次沖洗乾淨後切片。

3 鍋內倒入少許油，放入醃好的雞丁，以中火炒至熟色；接著加入秋葵、再倒入一匙水，一起快速拌炒至秋葵和雞肉變熟，起鍋前加入鹽和醬油調味即完成。

TIPS

● 喜歡辣的，可再加點辣椒提味。

● 這道菜做起來有一個質樸的外表，自然不能用過度新穎的食器去搭配它的氣質。可以選擇不那麼花俏、富手作感且自然一些的餐盤去盛裝，就能讓它曖曖內含光的低調個性刻劃地更加鮮明。

佐餐副菜：油醋甜椒漬 p.091　胡麻茭白筍 p.086　什錦菇菇蛋花湯 p.107

夏
**定晚
食餐**
當日享用更美味

印度鮮蝦咖哩

一人食最適合煮咖哩了，隔夜的咖哩更好吃；
因此就算有剩食，再次加熱還是一樣能吃到盤底朝天。
千萬不要糾結只想煮一人份的咖哩了，因為根本不夠吃啊！

食材

白蝦	150g
番茄	1顆切塊
洋蔥	1顆切絲
蒜末	2瓣量
薑末	2片量
香菜	少許

調味料

咖哩粉	2大匙
水	300ml
椰奶	200ml
椰糖	10g
白醋	1大匙
鹽	1/2小匙

作法

1 蝦子去頭、去殼、去腸泥，只留蝦尾殼。

2 先用中火將蒜末、薑末煸香；接著放入洋蔥絲炒軟再放入切塊的番茄。

3 將番茄炒至水分收乾後，轉小火，接著放入咖哩粉拌炒30秒；再將水和椰奶、還有剩餘的調味料全入鍋，以中大火煮滾後轉小火再煮10分鐘，不時攪拌一下。

4 最後將蝦子加入煮2分鐘，起鍋前點綴上香菜即可。

TIPS

●使用咖哩粉來煮咖哩雖然會比一般用咖哩塊來得稍微稀一些，但味道層次會更加明顯，也不用擔心過多添加物。

●蝦仁請務必在起鍋前再下，可依個人食量增減，取一餐可以吃完的量下鍋，否則再次加熱會變得過硬不好吃了；蝦仁也可以換成炒至半熟的雞腿肉也很適合。

佐餐副菜：百香果漬南瓜 p.090　優格小黃瓜 p.093　毛豆豆乳濃湯 p.109

夏
定 晚
食 餐
當日享用更美味

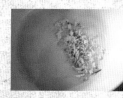   

竹筍鑲肉

酷暑雖苦，但吃到好吃的果蔬，就覺得暑意消了一半。
尤其是買到不苦的綠竹筍，你的夏天肯定是甜的！

食材

竹筍　2～3個（約300g）
牛絞肉　60g
太白粉　少許

肉餡調味料
蔥　2大匙
米酒　1大匙
太白粉　2小匙
醬油　1/2小匙
薑汁　1/2小匙

調味料
米酒　2大匙
高湯　200ml
味醂　2大匙
醬油　2小匙

作法

1 將已燙熟的竹筍對半切。
2 瀝乾水分後，用湯匙挖下中心的筍肉，切末待用。
3 挖下來的筍末與絞肉、醃料一起拌勻。
4 將挖空的竹筍內側拍上薄薄的太白粉，再填入攪拌均勻的肉餡。
5 鍋中放油，先將有肉餡的那面朝下煎2～3分鐘，呈金黃色。接著將米酒及高湯倒入煮滾；再加入醬油及味醂。
6 轉小火，加蓋燉煮15～20分鐘讓竹筍更入味即可起鍋；盛盤後撒上蔥花便完成了。

TIPS

好吃的竹筍這樣煮

1 竹筍一定要整支帶殼一起水煮，且水量一定要超過竹筍，才能緊緊鎖住筍肉的水分與甜味，以免口感變得乾澀。
2 並且冷水就要下鍋並且加蓋，只要煮至聞到筍香味就表示可以關火了。因為溫度上升的過程，熱度會慢慢滲透至竹筍中心點，讓內部均勻熟透，且會隨著水溫的提升釋出本身的甜味。若直接放進滾燙熱水煮，反而會使竹筍間的細孔緊縮，讓苦味無法流失。
3 若是買到較老的竹筍，可以換水後再煮10～15分鐘，或是在水中加入少許生米跟辣椒即可。

佐餐副菜：柚子醋高麗菜沙拉 p.092　芝麻味噌青花椰 p.085　蛤蜊高麗菜咖哩湯 p.105

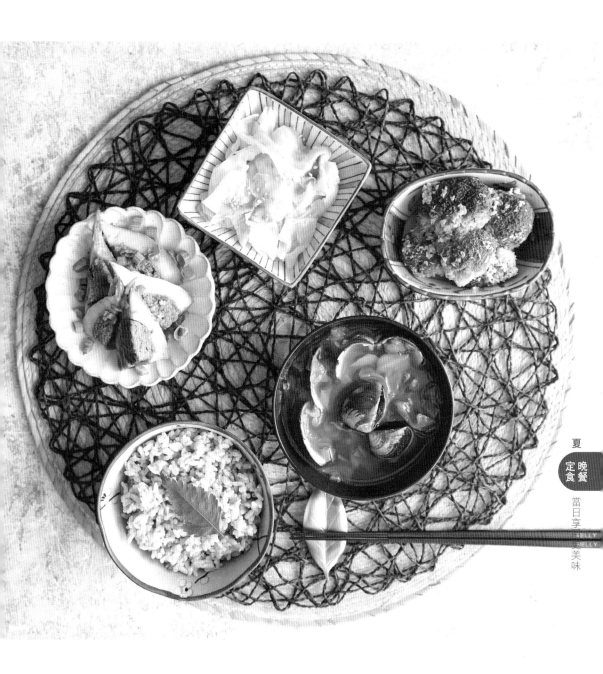

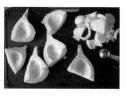

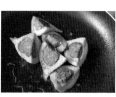

佐餐副菜：番茄洋蔥牛肉片沙拉 p.094　木耳空心菜 p.099　蛤蜊高麗菜咖哩湯 p.105

百香果味噌烤雞翅

夏季晚餐（定食＋便當）

夏天就是要吃百香果，百香果汁、百香果冰、百香果醬；
而我們要來做百香果雞翅！
一想到有點酸爽酸爽的百香果味道就讓人兩頰生津；
更別說這雞翅一啃下去，簡直是欲罷不能！

食材

雞翅　6～8隻
百香果　1顆量
調味料
白味噌　1大匙
味醂　2大匙
清酒　2大匙
醬油　1大匙

作法

1 將百香果肉與果汁和所有調味料食材一起混和均勻。

2 將雞翅與醬料一起放入夾鏈袋中，醃漬至少30分鐘，隔夜為佳。

3 最後將醃好的雞翅放入以攝氏210度預熱完成的烤箱內烤25分鐘，中間翻面一次即完成。

TIPS

由於味噌本身就已經夠鹹了，如果要用全味噌去醃製雞翅，就請不要再加其他的鹹味調料。

芒果蝦球

吮指回味

這道菜是我的夏季定番。只要夏天的芒果一出現在市場上，
蝦子就再也逃不出我的手掌心了！摩拳擦掌、摩拳擦掌～

食材

蝦仁　　150g
芒果　　1/2顆（約120g）
蒜片　　3瓣量
辣椒　　1根
檸檬　　1/8顆
白酒醋　10ml
調味料
椰糖　　10g
鹽　　　1/2小匙
咖哩粉　1/2小匙
胡椒　　少許

作法

1 將芒果、椰糖、白酒醋及辣椒混合均勻後
　放入微波爐，以600W，3分鐘加熱（讓
　椰糖融化、芒果出汁）；如果家裡沒有微
　波爐，可以用小鍋將食材煮到一樣的狀態
　即可。

2 同時間熱鍋將蒜片以小火煸至金黃後取出
　待用。

3 蒜片取出後，用剩下的蒜油，以中小火、
　加蓋將蝦仁燜煎兩面各1分鐘。

4 接著開蓋將芒果醬、鹽、黑胡椒粒及咖哩
　粉放入拌炒1分鐘。

5 盛盤後，撒上蒜片、刨點檸檬皮增加香
　氣，要吃前再擠上檸檬汁就ok囉！

TIPS

使用蝦仁是為了方便食用；如果可以，選用
大尾帶殼草蝦或明蝦會更加多汁鮮美。

佐餐副菜：絲瓜鑲豆腐 p.098　　番茄洋蔥牛肉片沙拉 p.094　　金針花肉片湯 p.106

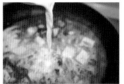

金沙牛奶蝦球豆腐

夏季晚餐（定食＋便當）

蝦的鮮味，南瓜的清甜，豆腐的嫩滑，
完美結合在一起，簡直讓人欲罷不能。
直接入口鮮美飽腹，拌飯更是超棒的！

食材

南瓜　200g
牛奶　100ml
蝦仁　100g
洋蔥末　50g
蔥白　3～4根（切段）
高湯　150ml
嫩豆腐　100g
白玉菇　50g

調味料
鹽　2小匙
辣椒　1/2根

作法

1 南瓜去皮切塊，蒸熟（或以600w微波3分鐘）後壓成泥待用。

2 蔥白切小段，和洋蔥末一起入鍋煸出香氣。

3 接著將南瓜泥、高湯、辣椒還有白玉菇一起煮至沸騰。

4 煮滾後再加入蝦仁和豆腐；煮至蝦仁變色。

5 接著倒入牛奶，煮至鍋邊冒小泡泡即可熄火。

6 最後放鹽調味，出鍋，撒上蔥花、放株迷迭香即可享用。

TIPS

常見的金沙都是以鹹蛋黃做成的料理；這道料理雖也叫金沙，但是用南瓜勾畫出金沙的美麗顏色，而味道則是另一種不同的美好！而且有了白玉菇就自能帶勾芡感，不需要再加太白粉了。

佐餐副菜：紫蘇梅花椰菜 p.086　馬茲瑞拉四季豆捲 p.095　金針花肉片湯 p.106

海南雞飯

海南雞飯，源自中國海南島的文昌市，在新加坡發揚光大。
正統的海南雞飯，要用海南島文昌雞做的白斬雞加香飯，
配上甜甜的黑醬油、新鮮的薑蓉、蒜蓉和生辣椒醬，
最後還要有一碗雞湯。
雖然買不到文昌雞，
但我們一樣能用方便的雞腿排做出好吃的不正宗海南雞飯啊！

食材

雞腿排　2支（約300g）
香茅　2～3根
高良薑　1片
檸檬葉　4～5片
甜醬油
雞高湯　2大匙
醬油　1大匙
麻油　1小匙
椰糖　1大匙
酸甜辣醬
檸檬汁　2大匙
辣椒　2小根
蒜　3瓣
薑　1片
雞湯　1大匙
麻油　1小匙

作法

1 先將雞腿排放入有香茅、高良薑還有檸檬葉的冷水中，煮至沸騰、汆燙出雜質浮末。

2 煮飯時，將汆燙過的雞腿排放在生米上，不用水，直接加入等量的雞高湯將米飯煮熟、同時將雞腿蒸熟。

3 接著調製兩種醬料；甜醬油在製作時可直接攪拌均勻即可；而酸甜辣醬則建議使用調理機將所有食材攪打混和。

4 將料完成後直接淋在煮好的雞腿排及飯上；再撒上香菜即可享用。

TIPS

如果可以，米飯要選擇粒粒分明的香米會更道地。不嫌麻煩的話，可將雞腿先蒸熟、再將蒸出的雞汁保留下來；生米在煮之前先放油和雞汁一起炒過；這樣的米飯會更香更好吃（為了加快出餐時間，本食譜有簡化做法）。

佐餐副菜：塔塔醬四季豆沙拉 p.095　　酸辣醋醃白菜 p.089　　什錦菇菇蛋花湯 p.107

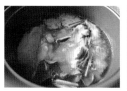

這個季節的菜兒～

	茄子	秋葵
蔬菜		
教你怎麼挑	★注意蒂頭顏色不過黑、茄身皮面光滑呈亮紫色；表面無碰撞損傷壞痕。 ★拿起時飽滿有彈性；粗細均勻、尾部無特別膨大。 ★果肉與花萼的連接處，顏色淺且寬而明顯。而花萼尖端的刺，越銳利則越新鮮。	★顏色翠綠、表皮有明顯細毛、外型筆直飽滿挺立，5～8公分左右長短的口感最脆嫩好吃。 ★太長太大的秋葵，纖維較粗，吃起來口感比較老。也可看蒂頭的風乾程度，如果蒂頭變黑、乾、裂開，就表示品質不好、不新鮮。
教你怎麼保存	茄子最好把表皮多餘的水分擦乾，再用報紙包裹住預防乾燥與凍傷；但不建議放入密封的塑膠袋內，以免因為不透氣而變得不新鮮。	由於秋葵原生地是印度，忌寒。直接放進冰箱裡，很快就會長出像水漬一樣的斑痕「凍瘡」，放久了還會變得軟爛。買回家如果沒辦法當天烹調食用，可用廚房紙巾包好，再放入保鮮盒裡，放置冰箱冷藏，建議2至3天內食用完畢。
合適的烹調方式	微波、炒、拌、烤、炸、煎、燉	炒、拌、烤、煎、炸
關於它的二、三事	★切除蒂頭時只需切除頂端的一小部分，剩下的花萼再用手撕掉即可；避免浪費過多茄子。而切開的茄子會變黑，是因為茄子裡有一種「單寧」的成分；在茄子切開之後，茄肉接觸到空氣便氧化的關係。若要延緩此作用，建議在切除後立即料理、若是來不及，則可以浸泡在檸檬水或鹽水中。 ★長時間的烹調會讓茄子褪成灰黑色。最能保持茄子漂亮鮮紫色的料理方式除了油炸以外，就屬微波了。切開的茄子直接放進微波爐中以600W微波3分鐘（蓋上可微波的蓋子），如此煮出來的茄子不但顏色漂亮，還很持久。除了這兩種方法，也可以試看看將茄子放進加了鹽及白醋的滾水中加蓋汆燙，讓茄色比較能固定在紫色的狀態。	★秋葵，又名「黃秋葵」或「羊角豆」，每年5至8月是盛產期。秋葵很少會有病蟲害，因此是少數幾乎不使用農藥栽種的蔬菜。 ★秋葵最適合汆燙料理，烹調前不要切除蒂頭，只需將花萼部分突起的粗硬纖維切除。細毛部分則是用用鹽巴輕輕搓洗後，直接整根一起下鍋，汆燙1至2分鐘，以免黏液的營養成分流失。燙好的秋葵隨即放入冰水中冰鎮，可維持秋葵的翠綠及最佳口感。若是要改變造型涼拌，亦是在汆燙後再下刀。 ★秋葵若是用銅、鐵食器烹煮或盛裝會很快變色，雖然變色對人體無傷害，但味道卻會打折，外觀也不好看；建議還是避免。

竹筍	櫛瓜	絲瓜

★應選擇長度約 12 ～ 15 公分；底部寬大且顏色潔白、摸起來細緻不粗糙；整體外形短胖且彎曲呈號角狀，筍尖處為咖啡色不帶綠。這樣的竹筍筍肉會較多、且較鮮甜細緻。	★外觀無損傷、無蟲類叮咬痕跡；表皮具光澤、蒂頭乾燥無枯黑。 ★長度約在 15 ～ 20 公分左右，重量則約 250 公克；外型筆直、粗細均勻、瓜體緊實微硬的櫛瓜品質最好，也最為鮮嫩爽口。	★表面的顏色應為綠色沒有泛黃；虛線條紋明顯且無斑點。 ★拿起來手感要夠、有沉重感、摸起來帶有彈性為佳。 ★以同品種的絲瓜來說，越長的通常是越晚採收，內部的纖維也會越硬、瓜肉口感鬆散不多汁。
就算是當日採收的竹筍也會持續老化，所以最好能當天買當天食用。若是無法當天食用，則建議先將竹筍連殼一起放入冷水鍋中煮滾、汆燙煮熟。放涼後連殼一起密封冷藏，盡早食用完畢（一星期內為佳）。	把表皮多餘的水分擦乾，用保鮮膜或是廚房紙巾包裹住預防乾燥與凍傷，再放入保鮮袋中密封冷藏。建議在 1 ～ 2 週內食用完畢。	絲瓜怕潮濕且容易變老不好吃，所以買回家後要盡早料理。若是當天無法食用則應用乾淨的紙張包起、或是裝入透氣的保鮮袋後放進冰箱。
炒、拌、燉	炒、拌、烤、炸、煎、燉	炒、煮、烤、炸
★如果真的買到已經帶苦味的竹筍，可以先將竹筍帶殼汆燙，煮出第一次的苦水後倒掉；再去殼、將竹筍切塊或切片，再次汆燙；直到苦味不見為止。 ★要煮出好喝鮮甜的竹筍湯很簡單；只要在煮筍的湯中放入一大匙米和一根辣椒一起煮，如此一來就能將竹筍的甜味引出，竹筍湯也會變得更加溫潤美味。 ★竹筍要料理前再去殼，這樣能保持竹筍的鮮脆。自己去殼也很簡單，只要從中間下刀往筍尖處劃開，再順著筍殼剝下即可。 ★5 ～ 7 月是竹筍的盛產期。	★櫛瓜原產於墨西哥，是從南瓜變形栽種而來的瓜果，又叫做「夏南瓜 Summer Squash」；是一款不含澱粉、低 GI 質的高纖維夏季蔬菜。這幾年台灣也種植了改良品種「臺南 1 號～ 4 號」（最早的名字十分可愛接地氣，叫做阿珍與阿滿！）。 ★台灣平地櫛瓜多是秋冬栽種，產季約在 9 月中旬至隔年 4 月上旬，而高山櫛瓜產季則是 3 月上旬至 11 月下旬。	★絲瓜經過長時間的烹煮容易發黑；要維持漂亮的白綠色澤，最好的方式就是先利用較高的油溫快速炒熟；亦或是以滾水加蓋汆燙後再進行後續的烹調步驟；如此一來就能先將顏色固定下來。且在削去絲瓜外皮時不要削掉太多；才可以保留住較多的營養。 ★完整的絲瓜產季是每年的 4 月到 11 約；澎湖絲瓜的產季較短，通常是 5 月到 9 月份就結束了。

Autumn
秋季餐桌

最喜歡秋天了，食物都自帶好吃的顏色；
果然是食欲之秋啊！

秋季週間餐桌計畫

A

秋季	Day1	Day2	Day3	Day4	Day5
早餐	南瓜雞蛋盅	粉紅甜辣甘藷溫沙拉	甜柿雞肉沙拉	抱蛋蝦蝦餃	松子烤蜂蜜南瓜沙拉
中餐（便當）	辣味噌雞 酸甜蓮藕漬 南瓜核桃沙拉	香蒸肉末芋頭 雙色蘿蔔漬 油醋番茄毛豆沙拉	蜜汁蛋黃雞腿捲 蜂蜜柚子醋拌山藥 香芋蘋果沙拉	千張豬肉春捲 胡麻茭白筍 芥末籽拌蘆筍	番茄牛肉醬 檸香杏鮑菇 蒜煎蘆筍
晚餐（定食）	香蒸肉末芋頭 雙色蘿蔔漬 油醋番茄毛豆沙拉 油豆腐胡蘿蔔味噌湯	蜜汁鹹蛋黃雞腿捲 蜂蜜柚子醋拌山藥 香芋蘋果沙拉 油豆腐胡蘿蔔味噌湯	檸檬蓮藕雞腿丁 胡麻茭白筍 芥末籽拌蘆筍 烤南瓜胡蘿蔔濃湯	山藥鮮蝦塔 檸香杏鮑菇 蒜煎蘆筍 烤南瓜胡蘿蔔濃湯	桂花蝦 柚子蜂蜜番茄漬 香煎醋蓮藕 山藥黃瓜排骨湯

B

秋季	Day6	Day7	Day8	Day9	Day10
早餐	蜂蜜起司烤地瓜	櫻花蝦煎餅	南瓜高蛋白燕麥豆乳拿鐵	鮭魚酪梨 PITA	南瓜希臘優格沙拉
中餐（便當）	泰式檸檬魚片 油醋番茄毛豆沙拉 番茄洋蔥牛肉片沙拉	麻香芋頭味噌雞 胡麻茭白筍 芥末籽拌蘆筍	紫蘇梅汁地瓜雞 木耳空心菜 麻油小黃瓜	鹽麴藕花炒鮮蝦 椒麻拌三蔬 油醋甜椒漬	豆皮南瓜餅 香煎醋蓮藕 味噌黃瓜漬
晚餐（定食）	麻香芋頭味噌雞 胡麻茭白筍 芥末籽拌蘆筍 鮭魚蘿蔔湯	紫蘇梅汁地瓜雞 木耳空心菜 麻油小黃瓜 鮭魚蘿蔔湯	鹽麴藕花炒鮮蝦 椒麻拌三蔬 油醋甜椒漬 茄子南瓜番茄味噌湯	金銀蒜嫩雞胸 香煎醋蓮藕 味噌黃瓜漬 茄子南瓜洋蔥味噌湯	椒鹽芋絲焗雞丁 芝麻味噌青花椰 白酒醋櫻桃蘿蔔 雞茸金針菇味噌湯

把蒸蛋直接做進南瓜裡，不僅健康又營養，顏值還高高的！
天氣越來越涼，早上起來捧著南瓜盅，舀上一口蒸蛋，幸福感十足。

| 秋季早餐 |

南瓜雞蛋盅

食材

栗子南瓜　1顆
雞蛋　1～2顆
高湯　100～120ml
蔥花　少許
調味料
鹽　1g

作法

1 整顆南瓜以大火蒸10分鐘（電鍋的話，外鍋放一杯水）；蒸軟後從蒂頭往下2公分切下；掏空籽囊。

2 雞蛋打散、攪拌均勻後用篩網過濾兩次。

3 將蛋液倒入南瓜盅後放上蒸架，並且在鍋蓋與鍋子之間夾上一雙筷子，避免水蒸氣滴在蛋液上；再以大火蒸20分鐘就完成了。

4 最後點綴上少許蔥絲即可。

TIPS

●如果家中沒有篩網，可以用水果刀當作打蛋器；以畫 WWWW 的方式來回打蛋，將雞蛋的繫帶切斷，如此打出來的蛋液不容易有氣泡，也會更細緻。

●淺黃色的蒸蛋從圓心擴展到橘黃色的南瓜果肉；再來就只需要點綴上一些蔥花絲製造向上延伸的立體感，同時還能和深綠色的南瓜盅互相呼應。

  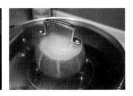

軟柿子跟硬柿子各有各的擁護者，不如這次就一起做成料理吧！
用富含有助皮膚水噹噹的維生素 A 跟 C 的甜柿製成的沙拉，
加上清爽的高麗菜絲以及微苦的芝麻葉做搭配；就連醬汁都是甜柿滿滿的美味。

秋季早餐

甜柿雞肉沙拉

食材

硬柿子　1/2顆（約50g）
雞里肌　150g
芝麻葉　10g
高麗菜絲　50g
杏仁　4～5顆

沙拉醬汁

軟柿子　1/2顆
白醋　2大匙
椰糖　2小匙
洋蔥　40g
鹽　1小匙

作法

1 高麗菜切絲、硬柿子去皮後切扇片。

2 雞里肌以橄欖油煎過後撒點黑胡椒待用。

3 將甜柿醬的食材放調理機內打勻。

4 高麗菜絲置底、疊上雞肉和柿子、再點綴些芝麻葉；最後淋上調好的醬汁、撒上杏仁即完成。

TIPS

● 如果介意雞里肌帶筋，可以在加熱前先行處理掉筋，這樣吃起來口感會更好，里肌也比較不會緊縮。

● 如果單是平面的擺盤容易流於呆板，將處理好的食材以交錯的方式往上堆疊，讓不同質地、不同顏色互相映襯；並且用數量最多的高麗菜絲作為基底；塑造出塔型的立體感。

粉紅甜辣 甘藷溫沙拉

金時地瓜的粉紫色外皮，
配上紫洋蔥遇熱後褪成的夢幻粉紅，
看似外表溫柔，嚐一口卻是甜中帶辣，
堪稱新女性的代表菜！

食材

（栗子）地瓜　150g
秋葵　5根
玉米筍　3根
珍珠洋蔥　3～4顆
櫻桃蘿蔔　1顆
百里香　數支

沙拉醬汁
紫洋蔥　50g
是拉差醬　1大匙
蜂蜜　1大匙
研磨胡椒粒　少許

作法

1 地瓜洗淨後不用削皮，用波浪刀切滾刀塊，入沸水煮15分鐘後起鍋。

2 櫻桃蘿蔔切片、玉米筍去殼、秋葵將蒂頭粗皮削去，皆對半剖開。

3 珍珠洋蔥對半切開；紫洋蔥切末（留一小匙待最後飾盤）；將紫洋蔥末與是拉差醬、蜂蜜及胡椒拌勻。

4 鍋中放少許油，將地瓜下鍋煎炒3分鐘上色，再放入珍珠洋蔥、秋葵和玉米筍拌炒1分鐘即可熄火。

5 接著放入剛拌勻的醬料，用鍋內餘溫讓紫洋蔥褪成粉紅色。

6 最後將炒好的食材一一放入盤中，畫上少許是拉差醬、再點綴一些百里香即可。

TIPS

●紫洋蔥遇熱後會慢慢褪色成為夢幻的粉紫色，因此絕對不要加熱太久；否則變成髒髒的灰紫色就不好看了。

●由於料理主體的顏色非常鮮明；因此要盡可能挑選淺或粉色的器皿來盛裝，如此才不會影響到食材本身的特色。

抱蛋蝦蝦餃

前晚做好的大蝦餃先入鍋煎得酥脆，再下一層蛋液一起煎熟。

一口咬下去，餃子皮 Q、蝦肉彈牙、蛋皮香；

還有鮮甜的肉汁在口腔裡噴發；

被一尾尾抱著蛋的大蝦餃喚起精神，是多幸福的事啊！

食材

蝦　8～10尾
餃子皮　5～6片
瘦豬絞肉　50g
洋蔥　30g
蛋　2顆
蔥花　少許
芝麻　少許

調味料

醬油　1大匙
米酒　1大匙
鹽　1小匙

作法

1 將蝦子清洗乾淨後，5、6尾去頭、剝殼只保留蝦尾，並且順著頭切到尾開背，攤平成一大片蝦肉、去蝦線、再整理成琵琶形；剩下3、4尾則是切成小塊待用。

2 豬絞肉與切碎的洋蔥、蝦仁、米酒、醬油、和鹽調味一起攪拌均勻。

3 將餃子皮邊拉開、中間鋪上少量的內餡，接著在餡上擺放一隻蝦仁，讓蝦尾朝上留在餃子皮外面；沾點水塗抹於餃子皮的兩側，兩端不封口，順勢捏成小花邊。

4 鍋內放入少許油，把蝦餃放入鍋中排成一圈，再倒入淹過餃子1/2的水，以大火加蓋燜煎12分鐘，直至水分收乾、底部金黃。

5 將兩顆蛋打散，倒進鍋中，蓋上鍋蓋，小火煎至蛋液完全凝固後就可以熄火出鍋。

6 撒點蔥花、芝麻，口味重的可以再調點蘸醬一起享用。

TIPS

● 洋蔥切成碎末，放進肉餡能增加爽脆的口感，同時讓肉餡更鮮甜。蝦餃的部分可以先做好放冰箱冷凍；這樣一早就不會趕得手忙腳亂了。

● 包蝦餃時，蝦子切開的那面要朝下貼合餡料，這樣在加熱時，蝦的尾部才會自然翹起，呈現好看的樣態。

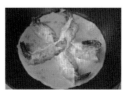

松子烤蜂蜜南瓜沙拉

怎麼料理都好吃的南瓜，這次用烤的試試看吧！
烤過的栗子南瓜香甜綿密、再加上炒得香香的松子；
最後淋上蜂蜜跟巴薩米可醋，光是香氣就讓人胃口大開呀！

食材

栗子南瓜　1/2個
（250g）
萵苣　50g
松子　10g
橄欖油　1大匙
鹽　1g
胡椒　少許
檸檬片　半顆量
調味料
蜂蜜　1大匙
巴薩米克醋　1大匙
檸檬汁　少許
辣椒香料　少許

作法

1 將南瓜以大火蒸8分鐘或是直接放進微波爐以 600w、微波30秒的方式逐步加熱變軟，直至可以切開。

2 南瓜去籽、切成厚片；萵苣切小段；檸檬1/2顆切片。

3 切好的南瓜厚片噴上橄欖油、撒上少許鹽和胡椒，放入以攝氏220度預熱完成的烤箱中烤20分鐘。

4 等待的同時將松子入鍋，以中小火翻炒 2～3分鐘，讓香氣更加濃郁。

5 將烤好的南瓜與萵苣一起盛盤、撒上松子、辣椒香料；擺上檸檬片；最後淋上蜂蜜及巴薩米克醋就完成了。

TIPS

● 南瓜進烤箱前記得要噴撒或塗抹橄欖油，不然水分容易被烤乾，口感就不好了。如果沒有刷子或是噴油瓶，可以將切好的南瓜片全部放進大碗裡，加入橄欖油，翻拌一下，讓油能均勻裹上南瓜。

● 南瓜片和萵苣的體積都比較大，若是要排出一個順序反而會讓人覺得有些刻意與擁擠；不如直接隨意置於器皿中；倒也顯得錯落有致。

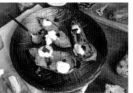

蜂蜜起司烤地瓜

用烤箱烤出糖蜜的地瓜與起司拌在一起。

在冰箱沉睡了一夜後轉換成不容易吸收的抗性澱粉；

一早再次加熱，抹上希臘優格、淋點蜂蜜，

再放上幾片有機玫瑰花瓣。

連皮咬下的多層次口感及交疊出的美妙味道、

湊近一聞就撲面而來的玫瑰花香，整個早晨好像都浪漫起來了！

啊，吃了這個，今天就能一切順利了（笑）

食材

地瓜　150g
乳酪絲　20g
有機玫瑰花瓣　少許
調味料
希臘優格　3大匙
蜂蜜　1大匙

作法

1　地瓜刷洗乾淨後對半切，放進冰箱冷凍45分鐘；接著放入以攝氏200度預熱完成的烤箱內烤30分鐘。

2　烤好後將地瓜泥挖出；和乳酪絲拌在一起後重新填入地瓜皮內，接著放進保鮮盒裡，再送進冰箱冷藏。

3　隔日早上直接將地瓜重新以烤箱回烤 10分鐘。要吃前抹上少許希臘優格、淋上蜂蜜，再撒上玫瑰花瓣即可。

TIPS

● 可以前一晚就先進烤箱烤好，再與起司拌在一起後送進冰箱冷藏。這樣不但能節省時間，也能讓地瓜產生更多的抗性澱粉。

● 很喜歡用食物原本的外殼去當作盛裝的容器，不僅有種返璞歸真的自然感，比任何昂貴的器皿都還要好看；當然吃完就丟、不用另外洗碗的附加好處就不用多說了。

自己做的櫻花蝦煎餅可以完全不手軟呀～愛吃多少蝦就撒多少蝦！
酥脆的櫻花蝦和蔥花一起陷在 Q 軟的餅皮裡；在鍋裡煎得兩面金黃，
一想到那香氣⋯⋯再睏也會從床上彈起來！

秋季早餐

櫻花蝦煎餅

食材

櫻花蝦	20g
中筋麵粉	3大匙
木薯粉	1大匙
太白粉	1小匙
水	70ml
蔥	10g
蛋	2顆

調味料

鹽	1/2小匙
胡椒	少許

作法

1 將櫻花蝦和麵粉、木薯粉、太白粉、雞蛋、蔥花、白胡椒跟鹽還有胡椒一起放入碗中，加水攪至麵糊無顆粒。

2 鍋內放入一匙油，倒入麵糊、慢慢轉動平底鍋，使麵糊均勻攤開後蓋上蓋子、以小火加熱。

3 蛋餅糊凝固後，翻面，煎到兩面金黃即可。

TIPS

● 水要慢慢加入蛋餅糊中，混合成黏稠狀態；水不要一次加太多，不然不容易成形，順著一個方向攪拌，這樣煎出來的蛋餅口感會更好。

● 圓餅類的食物很容易被拍攝成太扁平、沒有特色的樣貌；這時候可以將餅先切開成多片，再用扇型的方式展開，製造出交錯的空間感，再適時留白；便能顯現出層次。

一朵朵小花般的燻鮭魚在 PITA 餅裡綻放，酪梨認份地扮演它的綠葉；
打成綿密的酪梨醬就是滋養它們的肥沃土壤，
而圓圓的水煮蛋則是它們的陽光。我，絕對是最細心照料這花園的園丁。

鮭魚酪梨 PITA

食材
燻鮭魚　50g
PITA餅　1片
生菜葉　20g
大番茄　1/2個（切片）
水煮蛋　1個（切片）
酪梨　1/2顆（切片）
黑胡椒粒　少許

酪梨醬
酪梨　1/2顆
大番茄　1/2顆
檸檬汁　1顆量
洋蔥　1/4顆
TABASCO　數滴
鹽　少許

作法
1 把PITA餅用烤箱或是平底鍋乾煎至邊緣微脆；
再用食物剪將PITA剪成兩半。

2 將半顆酪梨、半顆番茄和水煮蛋切片；生菜葉
洗淨後剝小片；燻鮭魚切片後疊在一起再捲成
花型。

3 接著用調理機將酪梨醬的食材攪打均勻。

4 最後將酪梨醬、鮭魚花和其他準備好的食材一
起夾進PITA裡就完成了。

TIPS
● 沒用完的酪梨醬還可以加上花生醬一起抹在土
司上也非常美味喔。

● 選用輕鬆的木盤當作盛放的容器，可以轉換一
下週間忙碌的心情。刻意扭出的鮭魚小花，就
是送給自己最好的打氣禮物了！

橘黃色的南瓜琥珀飲裡有南瓜泥、南瓜高蛋白豆昔和濃濃的豆乳；
上面還有燕麥片飾頂；超棒的一天就由美麗又健康的南瓜飲品開始吧！

秋季早餐

南瓜高蛋白燕麥豆乳拿鐵

食材

栗子南瓜　　1／2顆
（250g）
香草高蛋白粉　20g
燕麥片　40g
豆乳　250ml

作法

1 南瓜以大火蒸15分鐘（電鍋的話，外鍋放一杯水）。

2 將南瓜果肉挖出後壓成泥，或是用調理棒打成更細緻的泥狀；先將之填至杯子的1/5處。

3 再將燕麥片用熱水泡軟後與剩下的南瓜泥、高蛋白粉和豆漿一起用調理棒打勻至無顆粒後再倒入杯中2/5處。

4 最後再倒入剩下的豆漿至杯口；撒上少許燕麥片就完成了。

TIPS

● 在製做果昔時若希望能呈現出顏色的漸層感，要記得將密度大且顏色最深的食材先放進杯中，再依序堆疊；稍微靜置一下即可產生漸層；途中所變化出的琥珀感也是非常好看呢！

● 若是沒有高蛋白粉也沒關係，可以改添加奶粉或是直接省略亦可。

南瓜從頭到尾都能吃，這次我們連南瓜籽也不放過。南瓜用柚子胡椒醃過後，吃起來甜中帶點辛香，與白蘆筍的清甜達到美好的平衡；而沒有捨棄掉的南瓜籽還提供了豐富的營養，配上希臘優格做成的醬料；總覺得自己又更健康了一些！

南瓜希臘優格沙拉

食材

栗子南瓜	1/2個
（250g）	
火焰生菜	20g
堅果	10g
白/綠蘆筍	3根
薄荷葉	1小株
希臘優格	2大匙

調味料

柚子胡椒	1大匙
橄欖油	1大匙
羅勒葉	2片
辣椒	1小根

作法

1 將南瓜以大火蒸8分鐘或是直接放進微波爐以600w、微波30秒的方式逐步加熱變軟，直至可以切開。

2 南瓜不用去籽、切成小塊；生菜洗淨撕小片；羅勒葉切碎、辣椒切圈。

3 南瓜塊與柚子胡椒拌勻後，放入以攝氏220度預熱完成的烤箱中烤20分鐘。

4 將蘆筍削去底部的粗硬纖維、入鍋乾煎2～3分鐘。

5 將烤好的南瓜、蘆筍與生菜一起盛盤；再撒上堅果、辣椒、羅勒葉、薄荷葉；最後淋上希臘優格就完成了。

TIPS

● 拌入柚子胡椒的烤南瓜會有特殊的香氣；若是一時買不到這個食材，也可以改用手邊方便的香料做替代；例如紅椒粉、義式香料粉，抑或是孜然；都會是很好的選擇。

● 有時候沙拉做好後，總覺得少一味，或是感覺有些空虛。這時不如試著撒上一點堅果吧！堅果酥脆的口感可以增加沙拉的口感及香氣；而且不同的堅果都有不同的樣貌，能讓你的沙拉看起來豐富度大大提升。

檸檬蓮藕雞腿丁

雞腿肉細嫩、蓮藕爽脆；
再加上檸檬帶來酸爽的滋味；
有了這道料理的慰藉，
一整天的辛勞都能放鬆了。

食材

蓮藕　150g
雞腿排　150g
薑　5片
檸檬　1/2顆（切片擺盤用）

調味料

醬油　1.5大匙
醬油膏　1大匙
檸檬汁　1/2顆量

作法

1 將蓮藕切成1/4圓片；檸檬頭尾各切下1/4擠汁待用，剩下的1/2切成片；雞腿排切成一口大小。

2 先在鍋中放入少許油將蓮藕煎至金黃後取出待用。

3 接著用油將薑片焗香；再把雞腿丁皮面朝下煎至金黃再翻面將肉面也煎熟。

4 最後把蓮藕及所有調味料一起入鍋，讓食材皆翻炒上色、醬汁大約收乾即可起鍋。

5 上桌前再點綴檸檬片就完成了。

TIPS

這道料理的檸檬酸味會比較重；如果沒那麼能吃酸，可以稍微減少檸檬汁的用量。

佐餐副菜：胡麻茭白筍 p.086　芥末籽拌蘆筍 p.084　烤南瓜胡蘿蔔濃湯 p.108

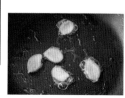

山藥鮮蝦塔

秋季晚餐定食

看似精緻,但做起來一點都不難;
只要花點小巧思將食材重新組合一下,
再平凡的料理也變得不平凡了!

食材

山藥　16公分
蝦　8尾
蒜　2瓣切末

蝦子醃料

太白粉　1大匙
米酒　1大匙
鹽　1/2小匙

調味料

鹽　1/2小匙
枸杞　（飾頂）
蔥花　（飾頂）
巴西利碎　（飾頂）

作法

1 山藥切成1公分的圓片;蝦仁用醃料抓醃10分鐘;枸杞泡溫熱水待用。

2 鍋內放少許油,將山藥煎至兩面金黃;起鍋前撒上少許鹽和一小匙香油增添香氣。

3 再將蒜末放入鍋中煸至金黃、蝦仁也放入鍋中一起炒熟。

4 最後把蝦子夾在兩片山藥中;頂部撒上少許巴西利碎、再放上枸杞及蔥花即完成。

TIPS

使用多層次堆疊的方式,能讓不同食材在同一個垂直面呈現色彩差異。但在使用這種方法擺盤時要注意食材的軟硬,避免一個不小心就造成崩塌。

佐餐副菜：檸香杏鮑菇 p.096　蒜煎蘆筍 p.098　烤南瓜胡蘿蔔濃湯 p.108

桂花蝦

亮紅的鮮蝦有著晶瑩誘人的光澤、撲面而來的是秋季專屬的桂花香。
剝除外殼、蝦肉鮮甜彈牙；盤子一下就見底了，這該如何是好呀？

食材

大蝦　6尾
桂花　2小匙
蘿蔔櫻　少許
調味料
蜂蜜　1大匙
醬油　1大匙

作法

1 鮮蝦洗淨後剪去蝦嘴、蝦鬚並去除蝦腸，再淋上米酒抓醃十分鐘。

2 一小匙桂花與一大匙蜂蜜先拌成桂花醬。

3 鍋內放少許油、放入蝦煸炒，待表面變色後加入醬油和桂花醬，炒至蝦子均勻上色，且醬汁大略收乾。

4 最後點綴上少許蘿蔔櫻即可。

TIPS

● 若是有桂花釀也可以直接使用；省去將桂花拌入蜂蜜的這個步驟。

● 使用有點凹凸不平的特色器皿，可以更加彰顯料理的獨特性；同時，適時的留白也能讓重點更加突出。

佐餐副菜：柚子蜂蜜番茄漬 p.089　香煎醋蓮藕 p.098　山藥黃瓜排骨湯 p.104

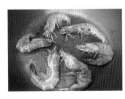

金銀蒜嫩雞胸

秋季晚餐定食

蒸的雞胸，肉質更水嫩，而且能保留最原始的鮮美。
用廣東人家常見的調味方式「金銀蒜」，來做這道雞胸肉料理；
這樣子的雞胸肉一點都不無聊。

食材

雞胸　1片（約200g）
調味料
蒜　1顆（切末）
醬油　2小匙
太白粉　2g
黑胡椒　少許

作法

1 雞胸肉洗淨擦乾後，兩面都劃上菱格紋，讓醃漬更入味。

2 接著將雞胸肉切成厚塊，再加入醬油、黑胡椒和太白粉，攪拌均勻後醃製1小時，鎖住水分和鮮味。

3 大蒜切末，一半待用、一半入鍋以小火半煎炸至金黃後撈出。

4 將醃製好的雞胸肉放入盤子裡，撒上切好的蒜末和炸過的金蒜。

5 燒一鍋水，水沸後將準備好的雞胸肉入鍋蒸5～8分鐘，然後關火，繼續燜5分鐘即可出爐。

TIPS

●金銀蒜，是由半煎炸的「金蒜末」和沒有處理過的「銀蒜末」混合而成。

●煎炸過的金蒜只會保留住蒜香而不留辛辣，而銀蒜則是將最原始的蒜汁全部留住，兩者搭配而成的料理香味真的無人能敵呀！

秋
晚餐
定食

當日享用更美味

佐餐副菜：香煎醋蓮藕 p.098　味噌黃瓜漬 p.091　茄子南瓜洋蔥味噌湯 p.103

秋季晚餐定食

椒鹽芋絲焗雞丁

這道料理絕對會讓你停不下筷子！
芋絲又香又脆、雞腿肉外酥內嫩，
更不要說那又香又麻的花椒味；
今晚不管了，我決定再添一碗飯！

食材

雞腿排　1片 約（180g）
芋頭絲　100g
芋頭醃料
鹽　　1/2小匙
白胡椒　1/2小匙
玉米粉　1小匙
雞腿醃料
鹽　　1/2小匙
白胡椒　1/2小匙
調味料
薑　3公分厚（切絲）
蒜末　3瓣量
乾辣椒　5根
花椒粒　20顆（2小匙）
花椒粉　少許
鹽　　1小匙
芝麻粒　少許

作法

1 薑切絲、蒜切末、乾辣椒剪成段。

2 芋頭去皮後切絲，先浸泡到清水裡，把表面的澱粉稍微洗掉。

3 瀝乾水分後，把芋頭絲確實擦乾，加入鹽、胡椒粉和玉米粉抓醃；雞腿切成丁後也用鹽跟胡椒抓醃。

4 將鍋內放入比平時多一點的油，用半煎炸的方式把芋頭絲焗香炒熟後起鍋待用。

6 再用鍋內剩餘的油將雞腿丁煎至皮面金黃焦脆、肉面熟透。

7 將薑、辣椒、花椒以小火慢炒焗香；轉大火，雞腿丁和芋頭絲再次下鍋、撒上鹽一起翻炒一分鐘即可起鍋。

8 享用前可以撒上花椒粉和芝麻粒增添更多香氣。

TIPS

切絲的芋頭，多一個浸泡到清水裡的步驟是為了將表面的澱粉稍微洗掉，能讓芋頭在料理後口感更脆；同時也可以防止芋頭絲氧化變色。

佐餐副菜：芝麻味噌青花椰 p.085　白酒醋櫻桃蘿蔔 p.089　雞茸金針菇味噌湯 p.102

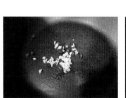

秋季晚餐定食

香蒸肉末芋頭

芋頭切長條後，加點鹽先醃半個小時，
這樣蒸出來的芋頭會更加入味。
將芋頭蒸得軟軟糯糯，
同時還吸收了豬絞肉的鹹香；
而泛著油香的豬絞肉則是口感豐腴。

食材

芋頭　200g
豬絞肉　200g
蒜末　2瓣量
朝天椒　1根
蔥花　少許
豬絞肉醃料
醬油　2小匙
鹽　1/2小匙
太白粉　1小匙
胡椒粉　少許
芋頭醃料
鹽　1/2小匙
調味料
醬油　2小匙

作法

1 芋頭切長條後用鹽醃漬30分鐘；同時豬絞肉也以醬油、
　胡椒、鹽和太白粉抓醃30分鐘。

2 鍋內放油先將辣椒和蒜煸香；接著放入豬絞肉炒至肉變
　熟色後再加入醬油。

3 將芋頭放在盤子上，再淋上炒好的豬絞肉；用大火蒸15
　分鐘後即可起鍋。

4 享用前再撒上蔥花就完成了。

TIPS

將準備好的糙米飯揉成小圓球，再和芋頭肉末一起擺放在
竹葉上；一旁的配菜可以裝在與大盤顏色相近的小皿裡，
讓整體擺盤看起來更加雅致。

佐餐副菜：雙色蘿蔔漬 p.088　油醋番茄毛豆沙拉 p.092　油豆腐胡蘿蔔菇菇味噌湯 p.102

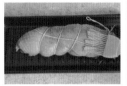

蜜汁鹹蛋黃雞腿捲

雞腿皮還滲著帶有蜂蜜香氣的微甜雞汁；
鹹香的蛋黃與鮮美的雞肉互相交融，一甜一鹹取得完美的平衡。
吃下一口，只想問問自己，怎麼只做了一捲而已？！

食材

雞腿排　1片
鹹蛋黃　2顆
調味料
蜂蜜　1大匙
雞腿醃料
味醂　1大匙
醬油　1大匙
蠔油　1小匙
白胡椒　少許

作法

1 前一晚先將雞腿肉與味醂、蠔油、醬油和白胡椒一起抓醃。

2 鹹鴨蛋黃搗碎後放入食物塑膠袋，捏成和雞腿肉長度相當的柱狀。

3 把鹹鴨蛋柱放到雞腿排上再緊緊的捲起來；用棉線綁起來會更能定型。

4 雞腿捲先刷上一層蜂蜜水，再放入鋪了烘焙紙的烤盤內，接著送進以攝氏220度預熱完成的烤箱內，烤15分鐘；接著取出再刷上一層蜂蜜水，繼續烤10分鐘即可。

5 將棉線拆掉後切成小塊就能享用了。

TIPS

如果不喜歡吃鹹蛋黃，也可以改包乳酪、地瓜泥或芋泥等容易塑型的食材；這樣的雞腿捲一口咬下仍是柔軟的口感。

佐餐副菜：蜂蜜柚子醋拌山藥 p.085　香芋蘋果沙拉 p.094　油豆腐胡蘿蔔菇菇味噌湯 p.102

麻香芋頭味噌雞

麻油的香氣引出了雞腿肉的鮮甜；
芋頭丁表面略帶焦脆，
裡頭又鬆到像是一咬下就化開般；
這絕對是芋頭控不能錯過的美味呀！

食材

芋頭　150g
雞腿排　1小片（約150g）
蔥花　少許

調味料

麻油　1大匙
味噌　1大匙
醬油　1大匙
米酒　2大匙
味醂　1大匙

作法

1 芋頭和雞腿排都切丁，並且用味噌1大匙+薄鹽醬油1大匙；醃十分鐘。

2 中火，鍋中放入一匙麻油，將醃好的雞腿肉丁和芋頭丁一起下鍋拌炒，炒至肉丁表面成熟色。

3 淋上2大匙米酒加1大匙味醂，加蓋，轉小火，燜10分鐘。

4 開蓋後，轉中火將醬汁再收乾一些即可熄火。

5 盛盤後撒點蔥白花便可上桌。

TIPS

用蔥白取代蔥綠去點綴這道菜會看起來更加優雅柔和；蔥白、芋頭雞與器皿的顏色、質地屬於同一調性，讓整體氛圍更有一致性。

佐餐副菜：芥末籽拌蘆筍 p.084　胡麻茭白筍 p.086　鮭魚蘿蔔湯 p.104

紫蘇梅汁地瓜雞

秋季晚餐定食

最喜歡酸酸甜甜的料理了！
但你有想過用梅汁來煮地瓜雞嗎？
絕對會衝擊你的味覺，
遺憾自己怎麼沒有更早認識這道料理。

食材

雞腿排　1片（約150g）
金時地瓜　1條（約150g）
洋蔥　50g
蒜末　2瓣量

雞腿排醃料
紫蘇梅汁　1大匙
醬油　1小匙

雞腿排醃料
紫蘇梅汁　1大匙
白醋　1大匙
椰糖　2小匙
水　2大匙

飾頂
黑芝麻粒　1小匙
紫蘇葉　1小株

作法

1 地瓜切成半月塊、洋蔥切成片；雞腿排切丁後，與醃料均勻抓醃20分鐘。

2 鍋內放油先將蒜和洋蔥下鍋煏香；接著放入雞腿丁和地瓜一起炒至雞腿呈熟色。

3 將醬汁加入後轉小火、蓋上鍋蓋燜10分鐘；開蓋後轉大火拌炒一分鐘，將醬汁大略收乾後即可起鍋。

4 上桌前可以撒上一點黑芝麻粒、點上一株紫蘇葉即完成。

TIPS

其實紫蘇葉不是只有日本料理中會使用，在台灣的客家料理中也算常見，尤以苗栗公館一帶，紅紫蘇的地位大概跟蔥薑蒜差不多。一般來說，紅紫蘇葉質地較硬，香氣濃郁，常用來醃漬、釀酒，做為增加香氣或顏色的材料；而青紫蘇葉質地較軟，味道清新，適合生吃，常用來搭配沙拉或是生魚片一起食用。

佐餐副菜：香油小黃瓜 p.084　木耳空心菜 p.099　鮭魚蘿蔔湯 p.104

鹽麴藕花
炒鮮蝦

一朵朵的蓮藕花片就像搖曳著裙襬的少女；
正等著結實的大蝦仁邀請她一同翩翩共舞。
這麼美麗的一道料理，怎能不學起來呢？！

食材

蓮藕　1節
大蝦仁　8尾
碗豆櫻　10支（飾頂）
櫻桃蘿蔔　1顆切片（飾頂）
蝦仁醃料
鹽　1g
胡椒　少許
太白粉　2小匙
調味料
鹽麴　1/2大匙
醋　1大匙
味醂　1小匙

作法

1 蓮藕一節切成薄片（能刻成花片就更美了）。

2 蝦仁用鹽、胡椒和太白粉抓醃10分鐘。

3 鍋內放少許油，先將藕片放進鍋中煎至兩面金黃
  後起鍋待用。

4 接著鍋中再放少許油，將蝦仁兩面各煎1分鐘。

5 將藕片放回鍋中；加入調味料後拌炒1分鐘，即
  可起鍋盛盤。

TIPS

● 雖說將蓮藕刻成花片是件是比較麻煩的事，但
  刻完之後點綴於料理中，真的會讓人眼睛為之一
  亮。如果有時間，請務必試試！

● 若是擔心藕片會變成褐色；可以將去皮切片後的
  蓮藕放進加了醋的飲用水中浸泡5分鐘；料理過
  程也不使用鐵鍋來炒製。就能有效避免這個情況
  發生。

佐餐副菜：椒麻拌三蔬 p.087　油醋甜椒漬 p.091　茄子南瓜洋蔥味噌湯 p.103

秋
定食 晚餐
多煮一點帶便當

這個季節的菜兒～

	山藥	芋頭
蔬菜		

教你怎麼挑	★注意檢查山藥外皮是否有腐爛的狀況，並且挑選外皮平滑、鬚根少、形狀完整的山藥。 ★若是兩根大小相同的山藥，要選擇較重者為佳；除了表示這山藥的水分足夠、也代表肉質較為紮實。	★市售的芋頭底部通常會削去一小部分，這時可以觀察芋肉的剖面，如果呈現粉白色，口感就會比較鬆香；肉色越白，澱粉質越高，且和紫色斑紋顏色反差越大，芋頭品質就越好。 ★如果可以，還能摸摸切口的部分，若是呈綿粉狀，通常澱粉含量就越高，這樣的芋頭比較好吃；如果質地太硬或是感覺水水的，就很可能會久煮不爛。 ★外觀要挑選帶土且圓胖飽滿、沒有凹洞、損傷；若是芋頭有腰身或呈其他形狀，代表養分不均。 ★大小一樣的兩個芋頭，要挑比較輕的，因為這代表澱粉含量高、水分少，這樣的芋頭吃起來口感較為綿密。
教你怎麼保存	買回的山藥若是整支完整，只要用報紙包覆，再直立存放於室內陰涼、通風處，便能讓山藥保鮮期長達 2～3 個月。若期間山藥長出鬚根，建議一次摘除掉。 而已經切段的山藥則不要去皮；只要把外皮的土與雜質清洗乾淨後，再浸泡入醋和飲用水比例為 1：10 的醋水中，直接放入冰箱冷藏。如此處理不但山藥不易氧化變黑，還能增加其爽脆口感。 也可以只在切口處抹上薄薄一層麵粉；或用餐巾紙蘸取些米酒後，塗抹於切口位置，乾燥後，外部再包裹一層保鮮膜，放入冰箱冷藏。 若是想一次處理好山藥，可將去皮切塊或切絲的山藥分裝進保鮮袋中，再送進冷凍即可。	新鮮的芋頭在買回家之後要將它放置於乾燥陰涼的地方且要通風。表面的泥土在食用前才能清洗，因為它能形成芋頭天然的保護，讓芋頭表皮略帶濕潤，裡面的芋肉才不會失水變乾。 因為芋頭容易變軟，在室溫下最多放 1 個星期。若久放，建議削皮切塊後，置於冷凍庫中，如此一來便可存放 2～3 個月之久。
合適的烹調方式	生食、拌、煮、燉、蒸	炸、煮、燉、蒸
關於它的二、三事	★每年 9 月到隔年 3 月是山藥的產季，尤其是 9 到 12 月時所產的山藥最美味。台灣的山藥有白肉和紫肉兩種；另外外皮較為細緻的日本山藥也很容易買到。日本山藥在口感上較為綿密黏滑，適合生吃；可以製成沙拉或是磨成細泥入菜。台灣山藥在口感上則較為柔韌有嚼感且較耐煮，不論是入湯菜或是熬粥，都能滋補養生。 ★去皮時為避免皮膚沾到山藥所含的植物鹼而發癢，可以直接於水龍頭下邊沖邊削，或是直接戴上手套防止碰觸到山藥黏液。	★生芋頭汁液裡含有一種名為「草酸鹼」的化學物質，一旦與人的皮膚接觸就會令人奇癢無比。所以削芋頭皮時請務必戴上手套；而且這種化學物質還會刺激口腔及引起腸胃不適，因此芋頭絕對要煮熟後再食用。 ★要做出內鬆軟、外表又不軟糊的芋頭除了以油炸的方式外，可以在料理前先將切好的芋頭泡水，將表面多餘的澱粉洗掉。 ★每年的 9 月到隔年 4 月是芋頭的主要產季，更準確的採收時機是在節氣「白露」後。最人氣的品種就屬檳榔心芋了，就是大家常聽到的大甲芋頭。另外還有一種在市場上也很常見的小型芋頭叫做里芋；肉質雖然比較硬，但蒸熟後會有香 Q 的口感。

地瓜	蓮藕	南瓜

★好吃的地瓜要選型體飽滿圓潤，表皮完整平滑，不要有蟲蛀、小黑點或發芽。

★一般多選體型橢圓的也比較方便料理；若是真的不會選，就選擇長得像台灣就對了。

★選擇藕節長且粗壯、身形肥胖飽滿、表面泥土還未洗淨，且由切口處看到的藕節孔洞要大且均勻；這樣的蓮藕才會新鮮又甘脆多汁。

★若是不帶土的蓮藕，外表需無傷口、光滑且沒有鏽斑，呈現米白略帶粉膚色澤；不宜選擇顏色太白淨的蓮藕，有可能是經過漂白。

★最好是挑整顆未切的才可以久放。可以挑選適中的大小，就不怕要吃很久。

★挑選的時候要注意是否有沉重感、蒂頭部分稍微凹陷，且尾端顏色較深。如此就是顆較成熟的好吃南瓜了。

地瓜可以直接存放在陰涼通風處，使用網袋或是紙袋來存放；冬天放在室溫約可放置 1 個月，夏天溫度高、濕度高，則可放置約 5～10 天。

如果希望再延長地瓜的保存時間，可以將地瓜去皮切塊後，浸泡鹽水，防止氧化變黑；濾掉水分後，放入密封袋冷凍保存；或是將表皮刷洗乾淨後，整條烤或蒸熟，一樣冷凍保存，解凍後可以直接吃或加熱再吃。

帶泥的蓮藕包好後放置於冰箱內冷藏，可保存大約一週；如果是已洗去污泥的蓮藕則不耐久放，建議最好當天食用。

蓮藕表面的泥土在食用前才能清洗，因為它能形成蓮藕天然的保護，讓蓮藕表皮略帶濕潤不會失水變乾。

而切開的蓮藕必須將切口密封好後再冷藏；否則容易從切口處發黑腐壞。

完整的南瓜可以整顆放置陰涼通風處保存即可。夏天可存放 2～3 個月，冬季則是 4～5 個月的。

南瓜屬於存放越久，甜度和風味都越好的瓜果，所以剛買回家的南瓜建議可以存放 2～3 週，味道會更好。

較成熟的南瓜若是還沒料理，可以先將南瓜切開後，用湯匙將內部的種子和綿狀纖維刮除、不去皮切成方便烹飪的大小，裝進保鮮袋密封冷凍，可再保存 1 個月。

烤、炸、煮、燉、蒸	炒、拌、炸、煎、燉	生食、炒、拌、烤、炸、煎、燉、蒸

★地瓜蒸熟或烤熟後，再送進冰箱「冷凍」，地瓜裡的澱粉在冷卻的過程，會形成結晶而變成「抗性澱粉」，「抗性澱粉」的消化率和吸收率到了小腸末端還不會完全被消化，會引起迴腸煞車而抑制食欲。另外，冰地瓜的升糖指數比熟地瓜低，比較不會引起血糖和胰島素的波動，對於糖尿病的控制和飢餓感的減少都有幫助。

★雖然地瓜發芽後還是可以食用，但如果聞起來有怪味道、或是有發黑腐壞的狀況則不能食用。

★台灣地瓜最好吃的產季大約從 10 月到隔年 3 月。

★過了立秋之後到年底就是蓮藕的盛產季。早一些出產的夏藕吃起來較脆，而秋藕則口感鬆軟。

★為防止藕片變成褐色，可以將去皮切片的蓮藕放進加了醋的飲用水中浸泡 5 分鐘；料理過程也不適合使用鐵鍋來炒。在炒蓮藕的時候，可以邊炒邊添加少許清水，這樣炒出來的蓮藕就不容易變黑。

★宿醉時喝生藕汁，有很好的解酒效果。

★南瓜一年四季都有，而盛產期在每年的 3 月到 10 月。

★當南瓜太硬不好切的時候，可以先以逐步微波或蒸的方式將南瓜加熱軟化，再切成合適的大小。單獨燉煮時可以切成大塊、若是與其他食材一同烹煮者，則應切成小塊，較易煮熟。而切片合切絲則是適合涼拌或煎炒，不僅易熟，也易入味。

Winter
冬季餐桌

冬日雖然寒冷，
但它所蘊含的是能量的孕育與開始，
也代表慶祝、團聚的季節到了。

冬季週間餐桌計畫

A

冬季	Day1	Day2	Day3	Day4	Day5
早餐	鮭魚高麗菜蒟蒻雜炊	花椰菜豆乳湯	白花椰的 MAC n'CHEESE	高麗菜乳酪烘蛋	惡魔蛋
中餐（便當）	毛豆雞肉煎餅 甜橙蔬菜一夜漬 經典雞蛋沙拉	奶油烤鮭魚 油醋甜椒漬 番茄皇帝豆	黃金蝦丸 醬燒地瓜 柚子醋高麗菜沙拉	鹽麴豬頸肉 酸甜蓮藕漬 芝麻味噌青花椰	橄欖油漬鮮蝦 酸甜蓮藕漬 芝麻味噌青花椰
晚餐（定食）	鮭魚舞菇 油醋甜椒漬 番茄皇帝豆 松露菌菇濃湯	黃金蝦丸 醬燒地瓜 柚子醋高麗菜沙拉 松露菌菇濃湯	蘿蔔牛肉鍋	手撕高麗菜長夜鍋	檸香蘿蔔燒雞 蘋果高麗菜沙拉 經典雞蛋沙拉 櫻花蝦豆腐白菜湯

B

冬季	Day6	Day7	Day8	Day9	Day10
早餐	雞蛋洋蔥圈圈餅	乳酪鮪魚番茄盅	鮪魚蒔蘿嫩蛋	豆腐玉子菇菇燒	燕米辣沙拉
中餐（便當）	義式燉牛肉 芥末籽拌蘆筍 溏心蛋	豬肉麻糬 QQ 球 味噌溏心蛋 蘋果高麗菜沙拉	辣醬燒白菜雞 南瓜甘味煮 塔塔醬四季豆沙拉	茄汁辣洋芋 椒麻拌三蔬 雞茸鴻喜菇	麻婆天貝 紫蘇梅花椰菜 醬燒地瓜
晚餐（定食）	豬肉麻糬 QQ 球 味噌溏心蛋 蘋果高麗菜沙拉 烤地瓜洋蔥濃湯	辣醬燒白菜雞 南瓜甘味煮 塔塔醬四季豆沙拉 烤地瓜洋蔥濃湯	茄汁辣洋芋 椒麻拌三蔬 雞茸鴻喜菇 番茄玉米濃湯	高麗菜絲豬肉捲 紫蘇梅花椰菜 醬燒地瓜 番茄玉米濃湯	白菜千層鍋

切成碎末的高麗菜還帶點鬆脆口感，
與柔軟 Q 彈的鮭魚蒟蒻粥達成很好的平衡；
淡淡的奶油香氣，是不是已經勾起你的食欲了呢？

冬季早餐

鮭魚高麗菜蒟蒻雜炊

食材

輪切鮭魚 1/2片約200g
高麗菜　1/8顆（約100g）
蒟蒻米　150g
高湯　250g
雞蛋　1～2顆

調味料

蔥　少許
拌飯料　少許
鹽　依個人口味
味醂　1大匙
奶油　10g

作法

1 鮭魚放入鍋中煎熟後再將魚肉剝下來；高麗菜切末、蔥切花、雞蛋打散待用。

2 蒟蒻米以沸水汆燙兩次，將鹼水的味道去除。

3 將鮭魚碎、高麗菜末和蒟蒻米一起放進高湯中煮滾；轉小火；倒入打散的蛋液；一邊攪拌、一邊讓蛋液凝固。

4 起鍋前淋上味醂、撒上鹽；再放上一小塊奶油增添香氣。

5 上桌後放上蔥花和拌飯料就可以開動了。

TIPS

試著將膳食纖維多多的蒟蒻加入料理中；不僅容易有飽足感，還能促進腸胃蠕動，尤其是熱量及碳水比白米低很多；想減重的人適度攝取蒟蒻是很不錯的。

陰雨連綿的天氣裡，
喝上一碗暖暖的豆乳濃湯；彷彿整個人的心都晴朗了。

花椰菜豆乳濃湯

食材

白花椰菜末　100g
德式香腸　1根
洋蔥末　100g
高湯　120ml
豆乳　130ml

調味料

鹽　依個人口味添加（1/2小匙）

作法

1 花椰菜和洋蔥切碎，或是直接以調理機打成末；德式香腸斜切成片。

2 切好的花椰菜和洋蔥先入鍋翻炒出香味後，再連同德式香腸與高湯一起放入鍋中加蓋煮至沸騰。

3 接著再加入豆乳，煮至鍋邊冒小泡泡即可熄火。

4 起鍋前再依個人口味酌量加鹽。

TIPS

這道料理如果要改用綠花椰來料理也是沒有問題；只是在洗滌過程中要更加小心，否則不明不白就多為自己增加了蛋白質也不知道。

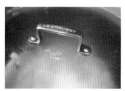

熱愛 MAC n' CHEESE 的朋友快跳出來～有了白花椰菜和低醣通心粉，
MAC n' CHEESE 再也邪惡不起來了！

白花椰的 MAC n' CHEESE

食材

白花椰菜末　100g
通心粉　50g
乳酪絲　10g
高湯　100ml
火腿/培根　40g
切達乳酪　40g
奶油　10g
豆漿　100ml

調味料

芥末籽醬　1大匙
胡椒　少許

作法

1　花椰菜切碎，或是直接以調理機打成細末；火腿及洋蔥切成小丁。

2　將通心粉放入滾水中，按照包裝袋指示煮至8分熟後起鍋待用。

3　於另一鍋放入奶油；先將火腿和洋蔥炒香，再加入豆漿和乳酪絲煮滾，接著放入花椰菜碎和通心粉。

4　將湯汁收乾，再加入芥末籽醬和切達乳酪；並且撒上胡椒和倒入高湯，讓醬汁再次收乾、變得更加濃郁，即可起鍋。

TIPS

白花椰菜末是低醣飲食這幾年的寵兒；它除了可以做成花椰菜炒飯外，這次直接用它來增加 MAC n' CHEESE 的飽足感；雖說口感會有些不同，但味道絕對也是討喜的。

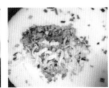
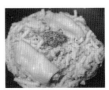

高麗菜、雞蛋、乳酪絲；你沒看錯；如此美味的料理只用了三種食材；
因為再簡單的料理只要用心，都會變得不簡單！

高麗菜乳酪烘蛋

食材

高麗菜　100g
雞蛋　2顆
乳酪絲　25g
調味料
鹽　1/2小匙
胡椒　1g

錫箔紙　1張

作法

1 高麗菜切絲，與乳酪絲、雞蛋、鹽和胡椒一起攪拌均勻。

2 取一個小鐵鍋，在鍋中均勻塗抹上油後，放入攪打完成的高麗菜蛋糊。

3 開小火，稍微攪拌一下，讓蛋液均勻分佈；再蓋上一張錫箔紙，讓高麗菜蛋糊在鍋中燜煎5分鐘。

4 打開錫箔紙，將大致定型的烘蛋翻面，再次蓋上錫箔紙燜煎4分鐘即完成。

TIPS

用錫箔紙的原因是為了讓烘蛋的裡層能更快變熟；若是不確定熟度，可以用一根叉子插入烘蛋內；若是沒有沾黏就完成了。

看那韓式辣椒粉把燕米都變得紅通通的了，真是佩服自己，
怎麼能把自己愛的一切都收進一個小盤裡呀？！

燕米辣沙拉

食材

燕米飯　100g
甜椒　50g（切條）
蘑菇　50g（切片）
德腸　2條（斜切片）
板豆腐　150g

洋蔥末　30g
蘑菇末　30g
蒜末　10g

香菜　少許
檸檬　可有可無

調味料

橄欖油　1大匙
韓式辣椒粉　2小匙
胡椒粉　1小匙
鹽　1g
椰糖　5g
白酒醋　1大匙

作法

1 燕米飯在前一天先煮好，隔天早上加熱待用。

2 甜椒切條、蘑菇切片、德腸切斜片、板豆腐切塊。

3 鍋內放油，先將板豆腐以小火兩面乾煎成金黃色後取出待用。

4 用鍋中剩下的油將甜椒、蘑菇和德腸炒香後一樣先取出。

5 再將洋蔥末、蘑菇末和蒜末入鍋煸香；接著放入韓式辣椒粉、胡椒粉、鹽和椰糖一起翻炒均勻。

6 將剛剛先炒好的食材與燕米飯放入鍋中翻炒；讓所有食材都能均勻上色後淋上白酒醋，開大火將醬汁大約收乾後即可鍋。

7 撒上香菜、享用前再擠點檸檬汁；真的非常美味！

TIPS

建議如果家裡沒有燕米，可以改由糙米、蒟蒻米、麥仁或其他富有口感的米種作替代。由於白米飯做這道料理口感會太軟，較不適合。德腸與板豆腐也能依個人喜好只選用其中之一、各半或是都加。

我非常喜歡這道菜的口感；你可以將它想像成板豆腐變身為柔軟玉子燒的同時，
卻忘了遮掩住它柔韌又帶點堅毅的個性。

豆腐玉子菇菇燒

食材

板豆腐	200g
雞蛋	2顆
洋蔥	20g
洋菇	1朵
鴻喜菇	30g
甜椒	20g

調味料

芹菜葉	少許
醬油	1大匙
味醂	1大匙
白蘿蔔泥	適量
小番茄	適量
是拉差醬	適量

作法

1 將板豆腐捏碎；洋蔥、洋菇、鴻喜菇和甜椒切末待用。

2 鍋內放少許油，將洋蔥、洋菇、鴻喜菇和甜椒末以中火炒軟；接著放入捏碎的板豆腐，以中大火炒至水分蒸發後加入醬油和味醂；繼續翻炒至食材均勻上色即可起鍋。

3 接著將炒好的食材與雞蛋還有芹菜葉一起攪拌均勻。

4 鍋子洗淨後，倒入少許油；再將打散的蛋液放進鍋中以小火煎至底部全熟、表面半熟。

5 再將煎蛋在鍋中對折、貼和後即可起鍋。

6 最後淋上少許是拉差醬，再附上蘿蔔泥和小番茄會更加清爽。

TIPS

在製作這道料理時，如果不趕，可以多加一個步驟；將板豆腐用廚房紙巾包起來後，再以重物壓 30 分鐘，讓水分能夠釋出；或是把板豆腐一樣包裹好後，再將一個裝了水的盤子壓在豆腐上。接著放入微波爐以 600W 微波 2 分半鐘。這樣去除水分後的豆腐，更能夠在短時間內就入味。

雞蛋洋蔥圈圈餅

食材可以從冰箱裡直接搜刮；
甜椒、蘑菇、洋蔥、雞蛋，
總之冰箱裡有什麼就可以放什麼。
只要將食材全部切得細碎，和蛋液打勻，
再倒入切成一輪輪的洋蔥圈裡
煎成一個個小圓餅就能出鍋了。

食材

雞蛋　2顆
洋蔥　5輪（約30g）
紫洋蔥　10g
紅甜椒　10g
蘑菇　2朵
蒔蘿　3g
帕瑪森乳酪　少許

調味料

是拉差醬　少許
鹽　1g
胡椒　少許

作法

1　白洋蔥切圈；紫洋蔥、蘑菇和紅甜椒切末；蒔蘿2/3切碎、1/3留用擺盤。

2　雞蛋打散後撒上鹽和胡椒，再和切好的紫洋蔥、蘑菇、紅甜椒和蒔蘿一起攪拌均勻。

3　鍋內放少許油、將白洋蔥圈入鍋後，開小火；將蛋液用湯匙舀進洋蔥圈中約一半的位置。

4　待蛋液稍微定型後，再次將蛋液填入洋蔥圈中，並與之齊平。

5　蓋上鍋蓋燜煎1分鐘左右；待雞蛋洋蔥圈熟透後即可起鍋。

6　享用前刨上少許帕瑪森乳酪絲、擺上蒔蘿；再蘸點是拉差醬就非常美味了。

TIPS

如果家裡的甜椒比較大顆；直接切幾個甜椒圈來取代洋蔥，顏質跟味道一樣能在餐桌上獨領風騷！

烤到果皮都起紋路的番茄盅；
就像戴了皺皺軟呢帽的老奶奶；圓圓胖胖的好可愛呀！

冬季早餐

乳酪鮪魚番茄盅

食材

水煮鮪魚罐頭　1/2罐
（約50g）
番茄　100g
乳酪絲　30g
紫洋蔥　20g
墨西哥辣椒　5～6顆
酸豆　5～6粒
義式香草　1g

調味料

芥末籽醬　1小匙

作法

1 番茄從蒂頭處往下2公分切開、挖出果肉後，連同番茄盅一起留下待用。

2 鮪魚罐頭濾掉湯汁；紫洋蔥、墨西哥辣椒和酸豆切碎。

3 將剛剛挖出的番茄果肉和鮪魚、1/2的紫洋蔥末、1/2的乳酪絲、芥末籽醬、墨西哥辣椒和酸豆一起拌勻再填入番茄盅內。

4 剩下的乳酪絲均勻撒在番茄盅上，接著送進以攝氏220度預熱完成的烤箱中烤15分鐘。

5 開動前撒上剩下的洋蔥末和香草碎即完成。

TIPS

若是選擇以油漬的鮪魚罐頭來這製作這道料理，請注意標示；建議挑選是用對身體較無負擔的橄欖油所醃漬的鮪魚罐頭（坊間較多鮪魚罐頭是以大豆油或菜籽油所製成）。

惡魔蛋根本一點都不惡魔；萌萌的外型不就是要我把它放入口中好好疼愛嗎？
啊，原來我也中了它的計！

惡魔蛋

食材

雞蛋　4顆
洋蔥碎　5g
紅甜椒末　10g

調味料

美乃滋　1大匙
白酒醋　1小匙
黑胡椒　1g

粉紅胡椒　可略
香草碎　可略

作法

1 雞蛋入滾水煮 8分鐘，取出放入冷水裡浸泡後再剝殼切成對半。

2 將洋蔥碎、紅甜椒末與美乃滋、白酒醋和黑胡椒一起攪拌均勻。

3 用湯勺把對半切的水煮蛋蛋黃掏出，再與剛調好的醬料攪拌均勻。

4 接著將之放入擠花袋內、搭配喜歡的花嘴；將蛋黃醬擠入剛掏出蛋黃的蛋白內即完成。

5 可以點綴一些粉紅胡椒和香草碎會更加好看。

TIPS

● 水煮蛋可用牙線漂亮地對半剖開。

● 記得洋蔥碎和紅椒末要切得極細才不會卡住花嘴。

● 魔鬼蛋（Deviled Eggs）其實是西方常見的傳統開胃菜，Deviled 指的是調味料中的辣椒 / 紅椒粉。傳統的魔鬼蛋只用美乃滋、黃芥末、胡椒、鹽及辣椒粉調味，現在衍生出越來越多充滿創意的食材組合；你也可以依照自己的喜好與想像做出屬於你的小惡魔唷！

鮪魚蒔蘿嫩蛋

冬季早餐

這道菜的小祕訣就是；
用隔水加熱的水浴法來間接炒蛋；
這樣炒出來的蛋；
會比直接在鍋中加油炒蛋還要蓬鬆軟嫩喔！
而且另外融入蒔蘿與鮪魚，
會讓你的炒蛋比別人更加有層次。

食材

雞蛋　2顆
鮪魚罐頭　1/2罐
（約50g）
蒔蘿　3～4小株
（只留細葉）
調味料
鹽　1g
味醂　1大匙
紅椒粉　少許

作法

1　將濾掉湯汁的鮪魚、雞蛋、切碎的蒔蘿，還有鹽跟味醂一起放入碗中稍微打散。

2　準備一個平底鍋，裡面放半鍋水煮沸。

3　另外準備一個小鍋，將剛剛打散的鮪魚蛋液放入；使用手動打蛋器，快速將之攪打均勻。

4　這時候平底鍋的水也差不多燒開；就可以把裝蛋的小鍋直接放進去，以隔水加熱的方式；一邊小火加熱、同時持續攪拌蛋液。

5　蛋液會漸漸凝固，攪拌也請持續進行，直至蛋液形成柔軟炒蛋該有的樣子即可起鍋。

TIPS

● 這道菜色是由我 IG 平台上一道很受歡迎的「100下嫩蛋」料理所延伸出來的；在添加香料時，蒔蘿也可以改成蔥、洋蔥或是其他香草植物；鮪魚也能換成細碎的火腿丁、培根丁；風味也很不錯喔！

● 快速攪打的方式會讓蛋白變得柔軟且蓬鬆，有點類似做蛋糕的原理，大家有機會可以試試這道有趣的料理。

選用軟軟嫩嫩的牛小排薄片來煮這個小火鍋；
將肉片放入鍋中，只要數一、二、三；嗯，這是我最喜歡的熟度了！

冬季晚餐（定食）

蘿蔔牛肉鍋

食材

白蘿蔔	150g
牛肉片	150g
茼蒿	60g
昆布	5g
薑	2片
大蔥	1根

調味料

水	500ml
清酒	3大匙
醬油	1大匙
味醂	1大匙
芥末籽	1小匙

作法

1 水、昆布、薑和蔥一起放入鍋中煮滾後轉小火再煮5分鐘；撈出昆布、薑和蔥當作湯底。

2 將白蘿蔔削皮後切成片；再和清酒、醬油、味醂一起放入湯中煮8～10分鐘。

3 接著放入牛肉片與洗好的茼蒿；擺上一大匙芥末籽；享用前再將肉片燙至喜歡的熟度即可。

TIPS

如果希望蘿蔔能更快熟透，也可以改用刨刀將蘿蔔刨成長條片下鍋煮熟；這樣一來應該不用五分鐘就能開動了！

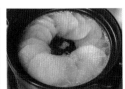

就是想喝到更濃郁的湯頭；
於是在清淡的昆布湯底基礎上再加入豬高湯一起烹煮。
辛苦了一整天，我值得這樣的美味！

長夜鍋

手撕高麗菜

食材

高麗菜	100g
豬梅花	150g
韭菜	30g
菇	20g（約5朵）
薑	2片
大蔥	2段

調味料

昆布	5g
清酒	1大匙
飲用水	250ml
豬高湯	250ml
柚子醋	1大匙

作法

1 高麗菜撕成小片；韭菜切段；菇在頂部刻米字花。

2 水、昆布、薑和蔥一起放入鍋中煮滾後轉小火再煮5分鐘；撈出昆布、薑和蔥當作湯底。

3 接著倒入現成的豬高湯和清酒；再次煮滾後，放入撕成小片的高麗菜、上方擺上豬肉片、韭菜段和菇。

4 一起煮到豬肉熟透；蘸點柚子醋即可開動享用。

TIPS

加入清酒能更增添風味；且因為酒的沸點較低，能更快煮滾。

 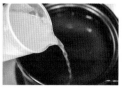  

因為是以燜煮來製作這道料理，
讓紅蘿蔔不會因為過度翻攪而支離破碎；
雞腿排的甜味也會滲進蘿蔔之中；最後來點檸檬汁，讓風味更加清爽！

冬季晚餐（定食）

檸香蘿蔔燒雞

食材

胡蘿蔔　100g
舞菇　40g
雞腿排　180g
薑　2片
蒜　2瓣
月桂葉　1片
調味料
清酒　2大匙
味醂　1大匙
鹽　少許
胡椒　少許
飲用水　100ml
檸檬汁　2大匙

作法

1 胡蘿蔔削皮後切成圓片；留下幾片壓出花型做為裝飾。舞菇撕成小瓣、雞腿排切成一口大小。

2 先將雞腿丁皮面朝下放入鍋中乾煎、煎至2面上色；再將胡蘿蔔片、舞菇、薑、蒜和月桂葉一起入鍋翻炒至舞菇變色。

3 倒入水、清酒和味醂；再撒上鹽和胡椒；蓋上鍋蓋；以小火烹煮20分鐘後即可熄火。

4 起鍋前淋上檸檬汁就完成了。

TIPS

以小火燜煮過程，請掀蓋將食材翻攪 3～4 次，避免蘿蔔沾鍋。

佐餐副菜：蘋果高麗菜沙拉 p.093　經典雞蛋沙拉 p.093　櫻花蝦豆腐白菜湯 p.105

以切面朝上的方式，將白菜擺進鍋裡。不但能縮短烹煮的時間，
而且華麗又美觀。因為只使用了高湯與少量的水去燜煮，
白菜的鮮甜也溶於湯中，讓湯頭更加濃郁！

白菜千層鍋

食材

白菜　1/4顆（約400g）
豬里肌　200g
高湯　250ml
飲用水　250ml
清酒　2大匙
調味料
柚子醋
白芝麻粒
蔥花　少許

作法

1 白菜切除菜梗後分成數片；以一層肉片、一
　層菜葉的方式做堆疊。

2 配合土鍋/鑄鐵鍋的深度切下疊好的菜肉；再
　將切下的菜肉以切面朝上的方式擺進鍋中。

3 將高湯、飲用水和清酒倒入鍋中；開中火
　煮至沸騰後轉小火，蓋上鍋蓋再燜煮 30 分
　鐘，直到白菜煮軟。

4 享用前撒上白芝麻和蔥花、再蘸點柚子醋就
　可以大快朵頤了。

TIPS

將白菜肉片擺進土鍋時，一定要確實塞滿壓緊、
避免散開。因為加熱之後肉片和菜葉都會縮水，
不塞好塞滿的話會整個內縮，這樣就不那麼美
觀了。

高麗菜絲豬肉捲

將豬肉片裹住高麗菜絲再放進烤箱裡烘烤；
金黃色的肉片上抹了加有芥末籽醬的美乃滋；
將鮮甜滋味緊緊鎖住；美味更加升級。

食材

高麗菜絲　120g
高麗菜絲調味料
美乃滋　1大匙
鹽　1/4小匙
白、黑胡椒　1/4小匙

豬里肌肉片　120g（約8片）
豬肉片調味料
白胡椒鹽　少許
美乃滋　1大匙
芥末籽醬　1小匙
飾頂
香菜　少許
檸檬　1〜2片

作法

1 高麗菜切絲後與美乃滋、鹽、白、黑胡椒一起
放入碗中拌勻；再將調味好的高麗菜絲分成四
等分。

2 將兩片肉片交疊成長條、撒上鹽和胡椒；放上
1/4的高麗菜絲後捲起、接合處朝下，放入合
適的烤皿中；剩下三捲也是如法炮製。

3 美乃滋與芥末籽醬混和後，再均勻塗抹在高麗
菜絲肉捲上。

4 接著將之送進以攝氏220度預熱後的烤箱內烤
10〜12分鐘；出爐後點綴上香菜葉及檸檬片即
可上桌。

TIPS

若是趕時間也可以用加蓋燜煎的方式來料理；只
是少了一股烤箱那種慢烤的香氣而已。

佐餐副菜：紫蘇梅花椰菜 p.086　醬燒地瓜 p.096　番茄玉米濃湯 p.109

鮭魚舞菇

冬季晚餐（定食＋便當）

用烘焙紙包起來烤製的鮭魚肉質裡外都細嫩；
烤好的鮭魚吸收了奶油和清酒的香氣、
還有甜椒與舞菇的汁水。才一打開烘焙紙，
食欲一下就全都來了。

食材

輪切鮭魚　1片
舞菇　20g
甜椒　50g
檸檬　數片

調味料

奶油　5g
清酒　1大匙
鹽　1/2小匙
胡椒　少許

作法

1 將鮭魚表面水分拭乾、撒上鹽和黑胡椒調味。甜椒切絲、舞菇剝小瓣。

2 取一張烘焙紙、中間先放一半的甜椒和舞菇；接著疊上鮭魚；最上層再擺放剩下的甜椒和舞菇；將烘焙紙包起來之前放入奶油、並且倒入清酒。

3 避免烘焙紙打開，可用料裡用的棉繩將烘焙紙綑綁起來；同時將烤箱以攝氏200度預熱後，再把包裹好的魚送進烤箱加熱20分鐘即可出爐。

TIPS

和鮭魚一起烘烤的蔬菜可以換成其他你喜歡的種類；如果不愛吃鮭魚，也可以換成蛋白質一樣很高、但熱量相對較低的鯛魚片來製作。

佐餐副菜：油醋甜椒漬 p.091　番茄皇帝豆 p.099　松露菌菇濃湯 p.108

黃金蝦丸

一想到隔天中午的便當裡也有顏質高高又美味的黃金蝦丸；
立馬打倒明天要早起的壞情緒了！

食材

大蝦　8～10尾
洋蔥　1/4顆（約50g）

調味料

太白粉　1小匙
美乃滋　1小匙
米酒　1/2大匙
胡椒鹽　1g

低筋麵粉　20g

作法

1 將蝦子去頭、剝殼、抽蝦腸後從腰身對切成兩半。

2 除了蝦尾和麵粉部分，其餘食材與調味料全放進調理機裡打成漿。

3 將打好的蝦漿分成8～10等份；揉捏成球後包入一尾蝦尾，表面拍上少許麵粉。

4 鍋內放入一大匙油、將蝦球放進鍋中以中小火煎至整顆金黃；牙籤插入後不會沾黏、且留出的湯汁為透明無色。

5 出鍋後可用廚房紙巾將多餘的油分吸除後即可盛盤。

TIPS

如果鍋子太小，建議分成兩次入鍋，以輕晃鍋子、讓蝦丸有足夠空間滾動的方式慢慢煎熟。

佐餐副菜：醬燒地瓜 p.096　柚子醋高麗菜沙拉 p.092　松露菌菇濃湯 p.108

豬肉麻糬QQ球

最喜歡口感 QQ 的麻糬了；
這次我已經將寶物藏進豬肉丸中，
明天應該不會有人來搶劫我的便當吧？！

食材

豬肉片　10片
麻糬丸　10顆
低筋麵粉　1大匙
白芝麻粒　少許

調味料

胡椒鹽　1小匙
薑泥　1小匙
醬油　1大匙
味醂　1大匙
清酒　1大匙

作法

1 豬肉片雙面撒上少許胡椒鹽；每一片包入一顆麻糬球；並且捏成圓形。

2 入鍋前在豬肉丸上拍上少許麵粉。

3 鍋內放少許油、將豬肉丸放入鍋中；輕晃鍋子，用滾動的方式讓球體整顆呈金黃熟色。

4 接著將胡椒鹽以外的調味料混和均勻後倒入鍋內，蓋上鍋蓋燜煎5分鐘；直至醬汁收乾即可熄火、撒上點白芝麻即可起鍋盛盤。

TIPS

若是買不到麻糬球、也可以改用年糕來做替代；不管是寧波年糕或是韓式年糕都沒問題。

佐餐副菜：味噌溏心蛋 p.088　蘋果高麗菜沙拉 p.093　烤地瓜洋蔥濃湯 p.109

冬季晚餐（定食＋便當）

辣醬燒白菜雞

喜歡吃台式白菜滷的朋友不妨可以試試，
這樣做出來的白菜應該可以叫他日式白菜滷了！
加了辣豆瓣醬後，不僅更下飯，
拿來當便當菜再次加熱也是完全沒問題。

食材

大白菜　1/4顆（約400克）
雞腿排　1片
白芝麻　少許

調味料
薑　3片
清酒　3大匙
水　100ml
味醂　1又1/2大匙
醬油　2大匙
烏醋　1大匙
鹽　依個人口味添加

調味料
辣豆瓣醬　1大匙
（不吃辣可以忽略）

作法

1 白菜分切成三等份，其中白色較硬菜梗部分再切成條狀；而腿排則是均切成一口大小。

2 鍋內放油，先將白菜梗下鍋以中大火快速翻炒至金黃色後起鍋待用；同一鍋再放少許油，將雞腿肉皮面朝下，一樣煎至兩面金黃、皮面酥脆。

3 先將辣豆瓣醬炒香，接著連同菜葉、葉梗一起下鍋；將酒、水及薑片也放入鍋中煮滾後，加入味醂和醬油、拌勻，蓋上鍋蓋以小火燜煮20分鐘。

4 盛盤前可以淋上一匙烏醋提點味；最後撒上芝麻粒就完成囉！

TIPS

由於白菜菜梗比較慢熟，先將它炒成金黃熟軟後，再一起燉煮，就不怕吃起來還是脆硬的口感。

佐餐副菜：塔塔醬四季豆沙拉 p.095　南瓜甘味煮 p.097　烤地瓜洋蔥濃湯 p.109

茄汁辣洋芋

冬季晚餐（定食＋便當）

湯汁收乾變濃稠後會更均勻的依附在馬鈴薯上；
一口咬下，
滿口都是沾滿濃郁番茄醬汁的鬆軟馬鈴薯啊！

食材

馬鈴薯　300g
高湯　500ml
有機番茄糊　50ml
薑　10g
蒜　3～4瓣
辣椒　1根
調味料
蜂蜜　1大匙
鹽　1/2小匙

作法

1 馬鈴薯削皮後切塊；薑、蒜和辣椒切成末。

2 先將薑、蒜和辣椒末煸香後，放入馬鈴薯和高湯一起以
　小火加蓋燜煮15分鐘。

3 開蓋後，倒入番茄糊和蜂蜜，轉中火煮至醬汁大約收
　乾，撒上鹽，即可起鍋。

TIPS

通常番茄糊的味道都會偏酸；若是沒加蜂蜜的話，味道會顯
得過於刺激且單調；一加入蜂蜜後，馬上能為這道料理帶來
溫和的氣質。

佐餐副菜：椒麻拌三蔬 p.087　雞茸鴻喜菇 p.097　番茄玉米濃湯 p.109

這個季節的菜兒～

	高麗菜	白蘿蔔
蔬菜		

教你怎麼挑

★葉片沒有破裂腐敗、外形飽滿結實、顏色要是溫和的綠白色沒有枯黃；菜梗呈現扁平狀、不會過度突出，能緊密包裹每一片菜葉。

★菜葉薄且鮮亮，這樣表示口感會較為脆嫩、品質較好。

★顏色應呈現自然的白淨有光澤；表皮要是光滑、沒有裂痕的，如此較能保存（也有一說，要挑選外表稍有裂痕的蘿蔔，因為裂痕是水分飽足產生的，這樣的蘿蔔肉質較細，不怕切開後裡面已經纖維化。但建議要盡早食用）。

★葉梗蒂頭鮮綠，拿起來個頭結實飽滿；輕彈時聲音清脆且飽滿，就是細嫩、水分又充足的白蘿蔔了。而且最好選擇還帶一些泥土的蘿蔔，因為沒經過清洗才能久放。

教你怎麼保存

新鮮沒碰水的高麗菜，放在通風陰涼處，不用放在冰箱就至少能保存五天。若是要延長更久的保鮮期，可以將菜芯切除取出，改塞入一張微濕的廚房紙巾，再以保鮮膜包好後放入冰箱冷藏，就可再延長一至二週。每次只取用需要的份量清洗即可。

買回來的白蘿蔔如果一時還不料理，請務必將蘿蔔葉摘除；才不會流失水分、變老乾縮。處理掉葉片後，取一張廚房紙巾將整根蘿蔔包裹起來，外頭再套一層塑膠袋，以直立方式放置於蔬果冷藏室保存，約可維持一週的新鮮度。

若一次吃不完整根蘿蔔，想要分次料理；必須用保鮮膜緊密包覆切口，外面再套一層保鮮袋密封起來，接著放入冰箱冷藏。

合適的烹調方式　　　生食、炒、拌、燉、蒸　　　　　炒、拌、燉、蒸

關於它的二、三事

★切絲時可以把高麗菜的菜葉分成上下兩部分；上半葉，菜梗所佔比例較少，可直接順著菜梗生長方向切絲，就會有脆脆的口感；而下半葉則是要與菜梗生長方向垂直的方式下刀，把纖維切斷後、口感就會變好了。

★高麗菜葉除了可以切成片外，用手撕成小塊，更能保留高麗菜的清脆口感；在取用菜葉時記得從蒂頭處先畫刀，這樣取葉較能保持菜葉完整。

★高麗菜是全年產的蔬菜，但尤以冬季的高麗菜最為甘甜。一般常見的圓頭高麗菜是屬於平地種植的；而味道更好、口感更脆更甜的尖頭高麗菜則是特別在高海拔的山上才有的特別品種。

★「秋後蘿蔔賽人參」，白蘿蔔雖然一年四季都有生產，但是冬季盛產期12月至隔年3月的白蘿蔔最甘甜美味了。

★白蘿蔔與胡蘿蔔雖然外型看起來類似、名字也相近；但其實它們沒有什麼關係。胡蘿蔔屬於繖形科，而白蘿蔔屬於十字花科，反而同是繖形科的芹菜才是胡蘿蔔的近親。

★白蘿蔔的甜度依部位而不同，接近葉子的上段比較甜，適合做成沙拉；中段這麼辛辣，水分多且硬，則可燉可炒，做成任何料理都合適；而下段偏辣且纖維多，直接磨成泥或做成漬菜。

馬鈴薯	番茄	洋蔥

★形狀完整沒有坑洞、表皮摸起來光滑、芽眼沒發芽；且外皮不能有泛黑或泛綠的狀況。

★如果要將馬鈴薯做成泥狀食物，例如沙拉或焗烤，則可挑選圓形的馬鈴薯，質地通常會比較鬆軟；如果是要炒或燉煮，則建議挑選略長形的馬鈴薯，質地會比較脆硬耐煮。

★牛蕃茄底部要有向外放射的星狀線條；當條紋長且清晰、線紋呈現越透明，則表示它越新鮮。

★蒂頭、花萼及外皮都要完整，若是花萼過度捲曲或乾扁，表示採收、存放的時間較久，已經不新鮮了。

★有彈性的蕃茄比較新鮮且水嫩多汁；若摸起來軟軟的，則代表已經過熟，口感味道也會較差。

★要挑外表光滑漂亮、蒂頭乾燥且表皮沒有黑斑；球型完整，沒有發芽、長鬚根。

★由於洋蔥多從內部的芯開始腐爛，因此，要用手按壓洋蔥頭尾、觸感結實沒有變軟，就表示新鮮度沒有問題。

★形狀矮胖的洋蔥口感會比瘦長型的洋蔥口感辛辣。

最好的存放方式是將之置於陰涼、通風透氣處；一般來說，馬鈴薯如果存放於室溫，大約可以放兩週左右。而放在 7 到 13 度的陰涼處，馬鈴薯則可以保存數個月。

我們可以將馬鈴薯攤放在紙袋內，不要悶在塑膠袋中；最好還能跟蘋果等會釋放乙烯的食物一起存放，如此一來便能抑制馬鈴薯發芽。

番茄在還沒要食用前先不清洗；維持乾燥，可以直接放在陰涼通風處存放 3～5 天。放置時要蒂頭朝上，小心避免堆疊及擠壓，避免壓傷會容易造成腐壞。

如果發現番茄已變成鮮紅熟色，可以改為放置冰箱內，並盡早食用完畢。或是切丁冷凍、切片油漬烘乾，也不失是種好選擇。

洋蔥很容易保存，只忌諱水氣；因為水氣容易使洋蔥腐敗。新採收下來的洋蔥會進入休眠狀態，所以不要剝除外皮；直接將完整的洋蔥放進網袋中，吊掛在通風陰涼處，約可保存 1 個月。

若是切開沒使用完的洋蔥，則應將切口朝上用保鮮膜密封，再放入冰箱中冷藏。

炒、拌、烤、炸、煎、燉、蒸	生食、炒、拌、烤、燉、蒸	生食、炒、拌、烤、炸、煎、燉、蒸

★馬鈴薯為茄科食物，生長過程中會產生茄鹼。茄鹼是種天然毒素，可幫助植物對抗病蟲害，但卻可能導致食用者急性中毒。尤其當馬鈴薯發芽時，茄鹼會增加 5～6 倍，且茄鹼有熱穩定性，即使烹煮也難以破壞毒性。因此馬鈴薯一旦發芽則絕對不要食用。

★台灣本土馬鈴薯的盛產時間是每年 12 月至隔年 4 月。本土馬鈴薯澱粉含量較少，口感通常較脆硬；進口馬鈴薯的含水量少、澱粉較多，因此質地偏綿密。想要料理出較脆口感的馬鈴薯時，除了可以選用長形的馬鈴薯；切成絲或條後先將馬鈴薯浸泡在水中，洗掉多餘的澱粉，如此便能提高脆度。

★番茄特別適合在晚飯後食用。這個時間吃番茄可以促進身體在夜間時段（晚上 10 點且凌晨 2 點）的激素分泌；特別是一種被稱為「13-oxo -ODA」的脂肪酸，日本京都大學研究指出，這種脂肪酸在動物實驗中可有效降低脂肪合成。

★想要吃到口感更好的番茄，可以將番茄底部劃十字後，放入滾水中氽燙 30 秒，再放入冷水中去皮後食用或料理。

★大番茄的盛產季大約是在每年的 12 月至隔年的 3 月；而小番茄則是每年的 11 月至隔年的 6 月。

★切洋蔥不想流淚的話，需要準備的是一把鋒利的刀。當刀夠鋒利時，切的時候就不會用力擠壓洋蔥，便能有效減少刺激物質發散到空氣中導致流淚。如果還是不行，可以再更進一步把洋蔥放在冷水裡切開，應該就不會淚流滿面了。

★而要降低剛切開的洋蔥所帶來的辛辣味，則可以把洋蔥浸在冰水一陣子，再撈出食用，就能降低它的嗆辣味道。

★要完全避免讓寵物食用洋蔥；可能會引起嚴重的併發症，導致貓狗體內的紅血球細胞極速氧化，最嚴重甚至導致死亡。

★每年的 12 月到隔年 4 月是洋蔥的盛產期。

咩莉還有一些忘了說的

不如，就從製作一道自己喜歡的料理開始吧！

前幾年離開台灣到外地生活，讓我陷入了前所未有的低潮，不熟悉的人事物使我鬱鬱寡歡。當一個人的時候，我就只想到用「吃」來填滿我內心的空虛。但這吃下去可不得了，我莫名地只要看到食物就想往死裡塞，什麼一次四、五個麵包、明明已經吃飽了還是繼續翻冰箱挖零食、叫一大堆外賣再全部吃光，再難吃的東西也能通通下肚；這樣的暴食行為幾乎是每天上演。也讓我在短短不到半年就暴肥超過 10 公斤。接下來就是被非常強烈的罪惡感淹沒，開始怪罪自己怎麼可以把自己搞到面目全非；於是就開始節食、斷食、運動、瘋狂壓抑口欲，但，到頭來只是累積了更多的負面情緒，然後崩潰，結果又是一陣暴食；這樣的惡性循環讓我在一整年內胖了 15 公斤。後來的我，到底是怎麼康復的呢？

我開始跟自己對話，對自己說，這樣的瘋狂壓抑然後再爆炸根本無法解決問題。不如就放寬心，先不要再想減肥的事了；找一些自己有興趣的事來做，這樣既能占掉胡思亂想的時間，也可能可以讓自己建立點自信心，並且多一些成就感。

於是我就開始經營我的 Instagram 了。

藉由在 Instagram 上創作、為自己備餐；也沒在想什麼減肥的事，只盡可能讓自己吃得健康無負擔。一邊練廚藝、練擺盤、練攝影，也順便讓自己越來越充實、越來越忙碌；專注於享受這屬於我的一人小空間和讓創造力恣意馳騁的

時光。結果體重就莫名地慢慢下降、體態也漸漸恢復。

這也就是為什麼我的 Instagram 簽名檔上放了這三句話的原因。

◆ 努力學習與食物相處
◆ 認真學習與自己相處
◆ 將就的是日子，講究的才是生活

在此，我也將這三句話送給你。希望能藉由這三句話和《一個人的優雅煮食》中的內容，為你帶來一些好的改變及新的刺激。為一成不變的日子，增加一些想好好過生活的動力。

跟我打勾勾，不管身旁有沒有人陪伴，從今天起都要好好善待自己！

…

感謝邀請我出書的野人文化，以及辛苦的麗娜編輯、佩樺美編與佳穎設計；也謝謝在寫書過程中，給予我無限支持與鼓勵的家人及朋友。而最最最感謝的就是始終無條件守候在我身邊的兩位，親愛的 Wayne 和歐咩咩，謝謝你們 ❤

咩莉

bon matin 128

一個人的優雅煮食

作　　者　咩莉·煮食
攝　　影　咩莉·煮食

野人文化

社　　長　張瑩瑩
總 編 輯　蔡麗真
美術編輯　林佩樺
封面設計　謝佳穎

責任編輯　莊麗娜
行銷企畫　林麗紅
出　　版　野人文化股份有限公司
發　　行　遠足文化事業股份有限公司
　　　　　地址：231新北市新店區民權路108-2號9樓
　　　　　電話：（02）2218-1417
　　　　　傳真：（02）86671065
　　　　　電子信箱：service@bookreP.com.tw
　　　　　網址：www.bookreP.com.tw
　　　　　郵撥帳號：19504465遠足文化事業股份有限公司
　　　　　客服專線：0800-221-029

讀書共和國出版集團

社　　　　　　長　郭重興
發行人兼出版總監　曾大福
業 務 平 臺 總 經 理　李雪麗
業 務 平 臺 副 總 經 理　李復民
實 體 通 路 協 理　林詩富
網路暨海外通路協理　張鑫峰
特 販 通 路 協 理　陳綺瑩
印　　　　　　務　黃禮賢、李孟儒

法律顧問　華洋法律事務所　蘇文生律師
印　　製　凱林彩印股份有限公司
初　　版　2020年06月10日
初 版 3 刷　2020年07月07日

國家圖書館出版品預行編目（CIP）資料

一個人的優雅煮食／咩莉.煮食著. -- 初版. -- 新北市：野人文化出版：遠足文化發行, 2020.06　256面；17×23　公分. --（bon matin；128）
ISBN 978-986-384-436-5（平裝）　1.食譜
427.1

109006873

野人文化
讀者回函卡

感謝您購買《一個人的優雅煮食 》

姓　名　　　　　　　　□女 □男　年齡

地　址

電　話　　　　　　　　手機

Email

學　歷 □國中(含以下)□高中職　□大專　　□研究所以上
職　業 □生產/製造　□金融/商業　□傳播/廣告　□軍警/公務員
　　　　□教育/文化　□旅遊/運輸　□醫療/保健　□仲介/服務
　　　　□學生　　　□自由/家管　□其他

◆你從何處知道此書？
　□書店　□書訊　□書評　□報紙　□廣播　□電視　□網路
　□廣告DM　□親友介紹　□其他

◆您在哪裡買到本書？
　□誠品書店　□誠品網路書店　□金石堂書店　□金石堂網路書店
　□博客來網路書店　□其他＿＿＿＿＿＿＿＿＿＿＿＿

◆你的閱讀習慣：
　□親子教養　□文學 □翻譯小說 □日文小說 □華文小說 □藝術設計
　□人文社科　□自然科學　□商業理財　□宗教哲學 □心理勵志
　□休閒生活（旅遊、瘦身、美容、園藝等）　□手工藝／DIY　□飲食／食譜
　□健康養生 □兩性 □圖文書／漫畫 □其他

◆你對本書的評價：（請填代號，1. 非常滿意　2. 滿意　3. 尚可　4. 待改進）
　書名＿＿＿封面設計＿＿＿＿版面編排＿＿＿＿印刷＿＿＿＿內容＿＿＿
　整體評價＿＿＿

◆希望我們為您增加什麼樣的內容：

◆你對本書的建議：

23141
新北市新店區民權路108-2號9樓
野人文化股份有限公司 收

請沿線撕下對折寄回

書名：一個人的優雅煮食

書號：bon matin 128

CHEER
DEAR CHEER 1988

FB/IG: dearcheer1988